스마트 시대 정보보호 전략과 법 제도 Ⅲ

Privacy Policy and Management

정보보호 연구시리즈 Ⅲ

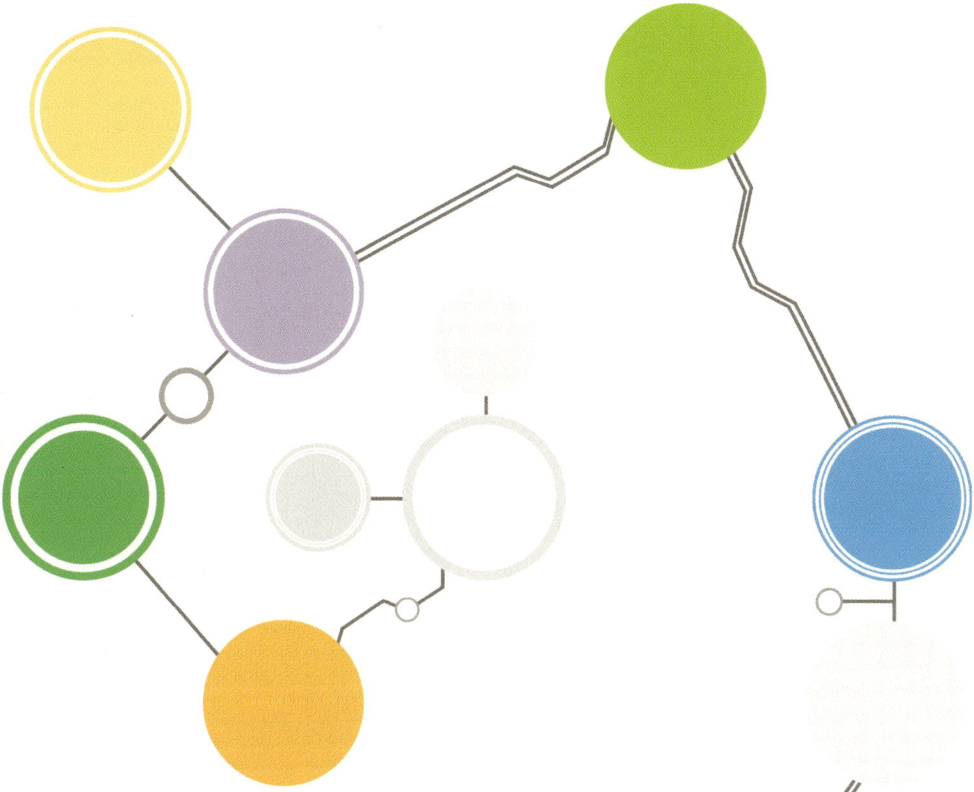

스마트 시대 정보보호 전략과 법 제도 Ⅲ

Privacy Policy and Management

김범수 외 15명 공저

IT의 발달로 우리 사회는 스마트 모바일 환경으로 탈바꿈되었다. 이러한 상황 속에서 학계 전반에 걸쳐 ICT, IPTV, 스마트워크, SNS 등의 신규 서비스에 대한 중요성을 인지하고 자원의 가치활용 측면에 대한 연구가 끊임없이 진행되고 있다. 하지만 그 역기능에 대해 고찰하고 사회적 · 물리적 · 심리적인 피해를 감소시키기 위한 노력은 부족한 실정이다.

최근 IT 환경에서는 인터넷의 익명성과 비대면성으로 인한 프라이버시 침해, 불건전 정보의 유통, 중독현상과 같은 새로운 문제점이 발생하고 있다. 특히 개인프라이버시 침해의 경우 피해액과 심리적인 보상 문제를 떠나 개인에게 직접적으로 피해를 줄 수 있기 때문에 국가적 차원의 규제와 사회의 여론 형성이 절실히 필요하다. 그러나 최근에 발생한 넥슨, SK컴즈 같은 개인정보 해킹과 구글, 애플의 개인정보 관리시스템 부실로 인한 위치정보 이슈 등을 보았을 때 우리 사회가 가야 할 길은 아직 멀다고 느껴진다.

이 책은 IT 환경에서 정보보호와 개인정보보호와 관련한 정책, 기술, 문화, 교육, 서비스 등에 대해 다양한 측면에서 이슈를 도출하고 해결방안을 제시해보고자 한다. 이 책의 발간으로 인해 우리 사회가

정보보호와 개인정보보호 문제에 대해 보다 전향적인 자세로 다가서서 대화하고 정보보호 등에 대한 건설적인 사회적 공감대가 조속히 형성되기를 바란다.

이 책에서는 개인정보보호에 대해 환경적 시각으로 고찰해본 "위치기반서비스(LBS) 활용과 개인위치정보 보호(김민수, 위지영)", "BYOD (Bring Your Own Device) 기반의 스마트워크 환경에서의 보안(김성준, 전엘)", 정보보호서비스를 위한 기술과 대응방안에 대한 "DDos 공격의 실태와 방어전략(박찬욱, 김협)", "아이핀 서비스 현황과 활성화 전략(이승목, 이청아)", 범람하는 정량데이터에 대한 정보보호 관리체계에 대해 고찰한 "클라우드 컴퓨팅의 정보보호 관리체계 개선방안과 연구동향(배요섭, 이승훈)", 정보보호와 국내외 법과 규제를 다룬 "개인정보 국외 이전의 확대와 국제기구의 노력-APEC CBPRs의 이행가능(김현진)", "글로벌 기업의 개인정보 사고에 대한 각국의 규제방식 비교(장재영, 김수현)", 모바일 환경에서의 정보보호 이슈를 다룬 "mVoIP 도입 관련 이슈(이한별, 주광일)" 등의 내용을 담아내었다.

정보보호나 개인정보보호라는 이슈는 단순히 한순간에 지나가는 현상이 아니다. 새로운 IT 환경에서 자연스럽게 발생한 그림자와 같은 존재이다. IT가 존재하는 한 이와 같은 보호 이슈들은 항상 존재할 수밖에 없다. 따라서 향후 정보보호에 대한 인식 및 사회적 공감대의 형성과 민간기업, 공공기관, 학계, 연구계의 건전한 IT 인프라 형성에 대한 소통이 필요할 것으로 보인다.

『스마트 시대 정보보호 전략과 법 제도 Ⅲ』이 우리 사회의 정보보호와 개인정보보호를 위한 소통에 커다란 기여를 할 수 있을 것으로 믿는다. 이 책을 통해 독자는 기존 생각과는 다른 다양한 관점에서 정보보호 문제에 대하여 고찰할 수 있기를 바란다.

2013.3.
김범수

목 차

I

위치기반서비스(LBS) 활용과
개인위치 정보보호

요약

스마트폰의 보급이 확대됨에 따라 위치기반서비스는 블루오션으로 각광받고 있다. 글로벌 LBS 광고시장은 향후 5년 내 10배 성장할 것으로 예측되고 있으며, 위치정보를 활용한 스마트폰 애플리케이션 개발도 활발히 이루어지고 있다. 또한 소방방재청 등에서의 긴급구조에도 개인위치정보가 적극 활용되고 있다.

그러나 우리나라의 경우 개인위치정보를 세계 최초로 개별법으로 보호하고 있고, 위치정보사업자 및 위치기반서비스사업자가 시장에 진입하기 위해서는 「위치정보법」에 명시되어 있는 바와 같이 허가 및 신고절차를 거쳐야 하는 등 위치기반서비스를 폭넓게 활용하는데 어느 정도의 제약이 따른다. 위치정보는 민감한 개인정보로써 반드시 보호되어야 하지만, 위치기반서비스 사업의 활성화를 위해 개인프라이버시 침해와 무관한 사업에 대해서는 사전진입 장벽을 완화할 필요가 있다.

본고에서는 위치기반서비스 시장의 현 상황 이해를 위해 위치기반서비스의 개념, 관련기술, 서비스 종류, 관련 법제도 및 이슈들에 대해 알아보고, 위치기반서비스가 대중화됨에 따라 드러나기 시작하는 현행법과 제도상의 문제점을 살펴보고 앞으로 나아가야 할 방향을 모색해보았다.

스마트폰의 보급이 확대됨에 따라 위치기반서비스는 블루오션으로 각광받고 있으며, 글로벌 LBS 광고시장은 향후 5년 내 10배 정도 성장할 것으로 예측되고 있다. 또한 위치기반서비스 관련 스마트폰 애플리케이션의 개발도 활발하다.

위치기반서비스를 마이크로소프트는 2011년 10대 IT 트렌드 중 하나로 꼽은 반면, 보안 SW 업체 McAfee는 2011년 경계해야 할 10대 위험 중 하나로 보았다. 개인위치정보의 경우 생명, 신체 침해 가능성이 있고, 침해가 즉각적으로 발생할 수 있으며, 정보 주체의 미래 위치정보까지도 유추가 가능하기 때문이다. 이러한 특징들 때문에 프라이버시 문제를 간과해서는 안 된다.

위치기반서비스는 프라이버시 침해 위험성이 높기 때문에 우리나라에서는 정부가 이미 초기 피처 폰 시대부터 시장진입을 강력히 규제하였다. 그 결과 세계 최초로 위치정보보호법이 2005년 제정되었고, 위치정보서비스 사업자에게 여러 관리적·기술적 보호의무가 부과되었다.

초기에는 시장에 진입해 있는 사업자가 제한적이라 위치기반서비스가 위치정보보호 및 활용측면에서 커다란 사회적 이슈가 되지 않았고, 위치정보 침해 시 대규모 사업자가 법적 책임을 피하기 어려워 사업자가 자율적으로 비교적 높은 수준의 보호수준을 유지하였다. 또한 측위 정확도가 낮아 위치정보가 침해되어도 피해 정도가 상대적으로 낮았다. 2009년까지만 해도 국내 이동전화 단말기에 측위 정확도가 높은 GPS(Global Positioning System)의 탑재율이 11.4% 수준밖에 되지 않았다.

하지만 스마트폰 시대가 도래함에 따라 위치기반서비스 사업에 대한 상황이 변하기 시작하였다.

첫째, 앱 형태의 다양한 위치기반서비스가 등장하기 시작하였다. 앱의 경우 아이디어가 있으면 1인 개발자도 손쉽게 위치기반서비스를 제공할 수 있으며, 이러한 사업자들은 현행 위치정보법에 대한 이해도가 낮아 위치정보에 대한 보호조치 수준이 낮았다. 또한 앱스토어, 안드로이드 마켓 등을 통해 글로벌서비스의 제공이 가능해짐에 따라 현행 위치정보법에 따른 시장진입 규제방식으로는 글로벌사업자에 대한 규제가 곤란해졌다. 이로 인해 국내의 사업자들의 불만이 제기되기도 하였다.

둘째, 위치기반서비스가 대중화되면서, 이용자들의 LBS 시장에 대한 요구가 증가하기 시작했다. 위치기반서비스를 위치 찾기, 위치기반 검색 등에 활용하면서 보다 편리한 삶을 영위할 수 있게 되었으며, 이로 인한 이용자들의 이용증가에 따라 사업자들이 다량의 위치정보를 수집하고 관리하기 시작하였다. 그 결과 보호조치 준수에 따른 사업자들의 관리에 대한 부담이 증가하였으며 위치정보를 행태분석 및 위치기반서비스 광고에 활용함에 따라 프라이버시 침해의 위협 또한 증가하였다.

셋째, 단말기 위치정보 관리주체가 늘어났으며, 측위 정확도도 향상되었다. 스마트폰을 사용함에 따라 단말기, 망사업자, OS 사업자, 단말기 제조사, 위치정보 DB 구축 사업자 등 위치정보 관리주체가 증가하게 되었다. 그에 따라 침해가 일어날 수 있는 지점들도 증가하게 되었다. 또한 GPS, Wi-Fi 등의 측위기술이 발달함에 따라 측위 정확도가 향상하였으며, 이러한 측위 Data를 얻기 위해 이용자 단말기를 측위수단에 활용하면서 각종 사고가 발생하기 시작하였다. 지난 2010년 구글이 Wi-Fi 위치정보를 수집하면서 Wi-Fi 이용자의 통신 내용도 수집한 사건과 2011년 애플이 위치측위 정확도 향상을 위해 이용자의 단말에 Wi-Fi, Cell-ID 위치정보를 동의 없이 평문 저장한 사건 등은 측위 정확도 향상을 위해 과도하게 정보를 수집한 예에 해당하겠다.

본고에서는 위치기반서비스 시장의 현 상황의 이해를 위해 위치기반서비스의 개념, 관련기술, 서비스, 관련 법제도 및 이슈들에 대해 알아보고, 위치기반서비스가 대중화됨에 따라 드러나기 시작하는 현행법과 제도의 문제와 나아가야 할 방향에 대해 살펴보고자 한다.

위치기반서비스는 국외에서는 Location Based Service(LBS)로 더 잘 알려져 있으며, 관련 기관마다 다양한 정의를 내리고 있다. 또한 LBS산업협의회(2008)는 위치기반서비스를 구성하는 기술을 3가지 구성요소로 구분하였는데, 이동통신망이나 위성신호, 유비쿼터스 장치 등을 이용하여 위치를 파악하는 측위기술부분과 이동단말로부터 위치정보를 획득하고 제공하는 플랫폼, 다양한 위치기반서비스를 제공할 수 있는 서비스 영역이 그것이다. 이 중 측위기술과 플랫폼 기술부분에 대해 간략히 설명하고자 한다.

1) 위치기반서비스(LBS)의 정의

OGC(Open GIS Consortium)(2001)에서는 위치기반서비스를 '위치정보의 접속, 제공 또는 위치정보에 의해 작용하는 모든 응용 소프트웨어 서비스'라고 정의하였다. 3GPP(3rd Generation Partnership Project)-(2001)의 TS 22.071에서는 위치서비스를 '위치기반의 응용 제공이 가능한 네트워크를 이용한 표준화된 서비스'라고 정의하고 있으며, 미국의 연방통신위원회(FCC)에서는 위치기반서비스를 '이동식 사용자가 그들의 지리적 위치, 소재 또는 알려진 존재에 대한 서비스를 받도록 하는 것'이라고 정의하고 있다.

우리나라의 경우 황주성(2001)은 위치기반서비스를 '이동통신망을 기반으로 사람이나 사물의 위치를 정확하게 파악하고 이를 활용하는 응용시스템 및 서비스'라고 정의하였으며, 정보통신부는 위치정보의 보호 및 이용 등에 관한 법률안(2002)에서 위치기반서비스에 대하여 '위치정보의 수집, 제공 또는 위치정보에 의해 작용하는 모든 응용서비스와 관련 상품 일체'로 정의하였다.

〈표 1〉 위치기반서비스의 정의

구분	저자	정의
국외	OGC(2001)	위치정보의 접속, 제공 또는 위치정보에 의해 작용하는 모든 응용 소프트웨어 서비스
	3GPP(2001)	위치기반의 응용 제공이 가능한 네트워크를 이용한 표준화된 서비스
	미국연방통신위원회(FCC)	이동식 사용자가 그들의 지리적 위치, 소재 또는 알려진 존재에 대한 서비스를 받도록 하는 것
국내	황주성(2001)	이동통신망을 기반으로 사람이나 사물의 위치를 정확하게 파악하고 이를 활용하는 응용시스템 및 서비스
	정보통신부(2002)	위치정보의 수집, 제공 또는 위치정보에 의해 작용하는 모든 응용서비스와 관련 상품 일체

이러한 정의들을 종합하여 볼 때에 위치기반서비스는 '위치정보를 활용하는 응용서비스 일체'라고 정의될 수 있을 것이다.

2) 측위기술(LDT: Location Determination Technology)

위치기반서비스의 측위기술(LDT)은 모바일 단말의 위치를 측정하기 위한 기술로서 통신망의 기지국 수신신호를 이용하는 네트워크 기반(network-based) 방식과 단말기에 장착된 GPS(Global Positioning System) 수신기 등을 이용하는 단말기 기반(handset-based) 방식으로 구분할 수 있다. 또한 실내외에서 측위가 모두 가능하여 앞의 두 기술을 보완하고 있는 유비쿼터스 측위기술이 있으며, 이들 세 개의 기술을 혼합하여 사용하는 혼합(hybrid) 방식이 있다(<표 2>).

〈표 2〉 위치기반서비스의 측위기술

측위기술	특징	예
네트워크 기반 방식	통신망의 기지국 수신신호를 이용 실내에서도 위치측정 가능	Cell-ID 방식, Enhanced Cell-ID 방식, AOA 방식, TOA 방식, TDOA 방식 등
단말기 기반 방식	단말기에 장착된 GPS 수신기 등을 이용 위치 정확도가 높음	A-GPS 방식, DGPS 방식 등
유비쿼터스 방식	실내외에서 측위가 모두 가능	Bluetooth 방식, RFID 방식, Wi-Fi(WLAN) 방식, UWB 방식 등
혼합 방식	위 세 개의 기술을 혼합하여 사용 신뢰성 및 정확성 높임	AOA+RTT 방식, OTDOA+AOA 방식, GPS+CDMA 방식 등

(1) 네트워크 기반 측위기술

네트워크 기반 측위기술은 기지국을 위성으로 간주해 그곳에서 송신되는 전파를 사용해서 위치를 측정하는 방식으로, 종래의 위치측정기술에 비해 약 10배의 정밀한 측정이 가능하다(박용우, 2001). GPS에서 곤란했던 옥내에서도 옥외와 비슷한 정도의 이동전화 단말의 위치측정이 가능하며, 본래 단말기가 수용하는 전파신호만 사용하므로 단말기의 소형화를 이룰 수 있다는 장점이 있다. 위치 정확도는 통신망의 기지국 셀 크기와 측정방식에 따라 차이가 많다. 이러한 네트워크 기반 방식으로는 Cell-ID 방식, Enhanced Cell-ID 방식, AOA 방식, TOA 방식, TDOA 방식 등이 있다(양철관, 2004).

(2) 단말기 기반(핸드셋 기반) 측위기술

단말기 기반 측위기술은 대표적으로 GPS가 있는데, 이는 GPS를 이용해 단말기를 중심으로 위치를 추적하는 방식으로 부착형 GPS와 내장형 GPS가 있다(박용우, 2001). GPS는 1970년 초 미국 국방부가 지구상에 있는 물체의 위치를 파악하기 위해 60억 달러를 들여 만든 군사목적의 시스템이다. 그러나 미 의회가 최근 기능의 일부를 민간에 이전하도록 승인함에 따라 민수용으로 활발하게 사용되고 있는데, 이를 이용하면 정확한 위치를 손쉽게 파악할 수 있다. 네트워크 기반 방식에 비해 위치 정확도는 높으나 빌딩이 많은 도심지역, 산림 숲, 실내에서는 정확한 GPS 신호를 받지 못해 위치를 결정하지 못하는 문제가 있다. 단말기 기반 방식으로는 A-GPS 방식, DGPS 방식 등이 있다(양철관, 2004).

(3) 유비쿼터스 측위기술

유비쿼터스 방식의 예로는 Bluetooth 방식, RFID 방식, Wi-Fi(WLAN) 방식, UWB 방식 등이 있다. 특히 이 중 Wi-Fi 방식에 대하여 김정태

(2011)는 단순히 AP 위치를 단말기의 위치로 결정하는 방식으로도 일부 위치기반서비스의 정확도를 해결할 수 있어 타 RF 무선측위기술에 비해 매우 경쟁력이 있다고 하였다. 더욱이 AP 위치계산방법과 단말기 위치추정방법의 정확도를 개선하고 전국적인 Wi-Fi 네트워크가 구축될 시 실내외를 포함하는 전천후 무선측위시스템으로 부상할 수 있을 것이다.

3) LBS 플랫폼 기술

위치기반서비스 플랫폼은 위치기반서비스의 가장 기본적이고 핵심적인 기능을 제공하며, 이성호 등(2005)은 이를 위치서버, 위치데이터서버, 위치응용서버로 구분하여 설명하였다.

(1) 위치서버

위치서버(location server)는 위치를 획득하여 클라이언트의 위치정보 요청에 응답하는 기능, 위치정보의 관리, 개인 또는 집단 위치정보 처리, 이동경로 추적 등 위치중심의 처리기능을 수행한다. 또한 사용자 프로파일 관리, 인증 및 보안, 타 사업자와의 위치정보 제공 연계, 망 부하관리, 다양한 사용의 접근통제, 통계관리 등 통신망과 연계된 기능 및 위치기반서비스를 위한 플랫폼 운영기능을 포함한다.

(2) 위치데이터서버

위치데이터서버는 대용량인 이동단말의 위치정보를 획득해 실시간으로 처리하는 서버이다. 위치기반서비스를 위한 DB의 경우에 사용자 DB로부터 GIS DB와 각종 실시간 정보에 이르기까지 방대한 데이터를 처리하게 된다. 일반적으로 이동하는 객체의 위치를 계속 추적하며 서비스하는 위치정보는 대용량일 뿐만 아니라 서비스에 따라서 통신망에 상당한 부하를 발생시키는 문제가 있다. 이러한 위치정보의 실시간 처리와 보다 나은 서비스를 위한 여러 데이터베이스 관련 기술이 필요하다.

(3) 위치응용서버

위치응용서버는 위치기반서비스를 지원하기 위한 공통기능들을 표준 인터페이스를 통해 제공한다. 획득된 위치정보의 경, 위도 좌표를 X, Y 좌표 및 주소 체계로 변환하는 지오코딩(geocoding)과 이의 역변환(reverse-geocoding) 컴포넌트, 사용자 위치를 지도상에서 표현하기 위한 지도 서비스 컴포넌트, 라우팅 및 트래킹 컴포넌트, 현재 위치에서 주어진 영역 내에 위치한 장소를 서비스하는 디렉터리 서비스 컴포넌트, 광고를 특정위치에 위치한 모든 사용자에게 통지하는 컴포넌트 등으로 구성된다.

LBS에 대한 정의와 마찬가지로 LBS 서비스의 종류 또한 각 기관별로 매우 다양한 기준으로 분류하고 있다. 김태성(2006)은 LBS 서비스를 서비스의 기능, 이용 대상자를 기준으로 분류하였다.

1) 서비스 기능 기준 분류

LBS를 서비스 기능을 기준으로 분류할 경우 <표 3>과 같이 정보제공, 오락 및 게임, 안전과 보안, 위치추적, 위치기반 상거래로 분류할 수 있다. 정보제공(Information)의 경우 위치정보에 기반을 둔 각종 정보제공을 목적으로 하는 서비스로 텔레매틱스 기능을 중심으로 발전하였으며, SKT의 Nate Drive, KTF의 K-Ways가 대표적인 서비스로 알려져 있다. 오락·게임(Entertainment)의 경우 최근에 각광받고 있는 서비스로 사용자가 가장 쉽게 접근할 수 있는 서비스 분야이다. 안전 & 보안(Safe & Security)은 가족 간, 연인 간에 상대방의 위치를 파악해 안전을 보장하는 위치기반서비스로, GPS 기반의 위치측위를 중심으로 전개된다. 그러나 이 서비스 영역의 경우 역설적으로 프라이버시 문제가 제기되기도 한다. 위치추적(Tracking)의 경우에는 사람, 차량, 물류 모두를 추적할 수 있는 서비스로 전자상거래 분야에서 고객이 구매한 물건의 배송상태나 배달차량의 추적서비스라고 할 수 있다. 위치기반서비스를 상업적인 수단으로 사용하게 되는 분야이며, 위치에 기반을 둔 L-Commerce 개념으로 확장되어 도입될 전망이다.

〈표 3〉 위치기반서비스의 분류: 서비스 기능 기준

구분	서비스 종류
정보제공 Information	주변정보 서비스 도로상황, 교통정보 서비스 버스 및 지하철 도착 알림 서비스
오락·게임 Entertainment	위치별 미션 게임 서비스 지역별 대항 게임 서비스 지역기반 특화 운세 서비스 사용자 위치 중심 미팅 서비스
안전 & 보안 Safe & Security	i-Kids 서비스 친구 찾기 서비스 긴급상황 알림 서비스
위치추적 Tracking	기업을 대상으로 한 물류추적 서비스 렌터카나 화물차의 위치추적 서비스
위치기반 상거래 Commerce	해당 지역 위치기반으로 광고를 보거나, 주변상가와 쇼핑몰, 숙박시설 등의 할인쿠폰 등을 지원받는 등의 서비스 예정

출처: 위치기반서비스의 비즈니스 모델(김태성, 2006) 수정.

2) 서비스 이용대상자 기준 분류

이용대상자를 기준으로 구분하면 <표 4>와 같이 개인이용자(B2C) 대상과 기업이용자(B2B) 대상으로 구분된다.

<표 4> 위치기반서비스의 분류: 서비스 이용대상자 기준

대상	서비스명	서비스 상세
개인 Consumer(B2C)	안전 및 구난 서비스	구조요청, 가족안전위치서비스 기상예보
	주변정보 서비스	상점, 엔터테인먼트 시설, 차량 관련시설, 숙식시설 정보 등
	추적 서비스	친구, 가족 찾기, 유명인 찾기 가지 위치통보
	교통, 항법 서비스	최단경로, 구간속도, 교통노선 정보제공 최적경로
	광고 및 거래 서비스	할인쿠폰, 티켓예매, 광고 상거래 등
기업 Corporate(B2B)	안전 및 구난 서비스	현장 노동자 응급 서비스
	주변정보 서비스	
	추적 서비스	차량 위치추적(렌터카, 화물) 영업사원 위치파악 및 관리
	교통, 항법 서비스	화물차량 항로 제공
	광고 및 상거래 서비스	

출처: 위치기반서비스의 비즈니스 모델(김태성, 2006).

국내 개인위치 정보보호 법제도 동향

1) 위치정보 및 개인위치정보 정의

우리나라의 경우는 일반적으로 개인식별정보 중 민감한 정보에 대해서는 따로 개별법으로 보호하고 있는 실정이다. 위치정보 역시 개인의 사생활에 막대한 피해를 줄 수 있는 민감한 정보로 판단되어 2005년「위치정보의 보호 및 이용 등에 관한 법령(이하 위치정보법)」을 통해 개별법으로 보호하고 있다.

「위치정보법」에 따르면 위치정보와 개인위치정보는 다음과 같이 정의하고 있다. 먼저 "위치정보란 이동성이 있는 물건 또는 개인이 특정한 시간에 존재하거나 존재하였던 장소에 따른 전기통신설비 및 전기통신회선설비를 이용하여 수집된 것"이라고 정의하고 있으며,

"개인위치정보란 특정개인의 위치정보(위치정보만으로는 특정개인의 위치를 알 수 없는 경우에도 다른 정보와 용이하게 결합하여 특정개인의 위치를 알 수 있는 것을 포함한다)"라고 정의하였다.

2) 개인위치 정보보호 법제도 현황

국내의 경우 개인정보보호의 필요성이 사회적 문제로 떠오르기 시작하면서 「전기통신사업법」 및 「정보통신망 이용촉진 및 정보보호 등에 관한 법률」을 통하여 위치정보를 개인정보의 범주에 포함시켜 이용자의 개인위치정보를 보호해왔다.

그러나 위치정보는 여타의 개인정보와 다른 특성을 가지고 있다. 위치정보의 대상이 '사람'일 경우에 그 개인의 위치정보는 개인정보보호 및 프라이버시 보호의 문제와 직결된다. 즉, 개인위치정보는 성명, 주민등록번호, 주소, 전화번호 등과는 달리 직접적으로 사생활 침해의 문제를 발생시킬 수 있기 때문에 개인위치정보는 여타의 개인정보에 비하여 보다 강력한 보호가 필요하다. 이와 같이 위치정보가 갖는 특수성이 커서 개별법으로서 보호해야 할 필요성에 따라 2005년 「위치정보법」을 제정하였다.

〈표 5〉 국내 개인위치 정보보호 관련법

법명	주요 내용
「전기통신사업법」(1991)	전기통신사업 시 허가·신고제도 이용자의 개인정보보호
「정보통신망 이용촉진 및 정보보호 등에 관한 법률」(2001)	이용자의 개인정보보호 강화 개인정보 공개 금지 개인정보 공개 시 동의 및 고지

「위치정보법」(2005)	개인위치 정보보호의 강화 위치정보 관련 산업의 인허가제도 긴급구조를 위한 위치정보이용 의무화 위치정보이용 기반 조성 벌칙

출처: 한국인터넷진흥원. 국내외 개인위치 정보보호 법제도 동향 보고서. 2009.10.

3) 위치정보법 주요 내용

위치정보법은 산업분야에서의 위치정보 활성화와 함께 긴급구조 등 공공분야에서의 위치정보이용 기반을 조성하고, 이러한 과정에서 발생할 수 있는 개인 프라이버시 침해위험을 최소화함으로써 정보 주체를 보호하는 것을 목적으로 하는 법률이다. 따라서 동법은 법률명에서 찾아볼 수 있는 바와 같이, 위치정보의 '보호'와 '이용'을 양 축으로 하여 구성되어 있다.

위치정보의 보호를 위해서 우선 위치정보사업 허가제 및 위치기반서비스사업의 신고제 도입, 사업 허가취소·정지 등 행정처분 및 과징금 부과, 이용약관 신고제 도입 등 사업자에 대한 행정적 관리·규제제도를 규정(제2장)하는 한편, 개인위치정보의 수집·이용·제공 등 처리기준과 기술적·관리적 보호조치, 위치정보 주체의 권리 등을 명시(제3장)하고 있다.

위치정보의 이용과 관련하여서는 긴급구조와 재해·재난 등의 경보발송 목적으로 위치정보를 이용할 수 있는 법적 근거규정을 명시(제4장)하고, 위치정보이용 활성화를 위한 연구기술개발의 추진, 표준화 추진, 정책 심의 등을 위한 위치정보심의위원회의 설립 운영 등을 규정(제5장)하고 있다.

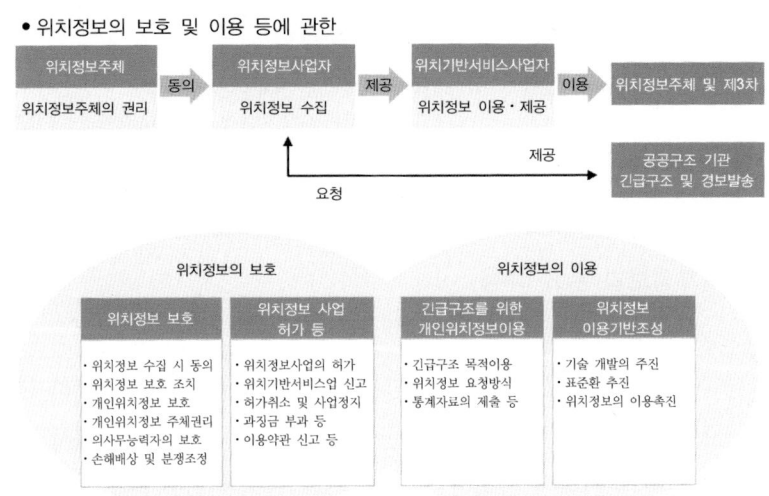

• 위치정보의 보호 및 이용 등에 관한

출처: 방송통신위원회, 한국인터넷진흥원, 위치정보의 보호 및 이용 등에 관한 법률 해설서, 2010.1.

〈그림 1〉 법률 구성체계

위치정보법의 주요 내용을 살펴보면 다음과 같다.

첫째, 위치정보사업의 허가제(법 제5조)와 위치기반서비스사업의 신고제(법 제9조)의 도입이다. 위치정보를 수집하여 위치기반서비스사업자에게 제공하는 위치정보사업을 하고자 하는 자는 방송통신위원회의 허가를 받도록 하고, 위치정보를 이용하여 서비스를 제공하는 위치기반서비스사업을 하고자 하는 자는 방송통신위원회에 신고를 하도록 함으로써, 사업자들에 대한 행정적 관리체계를 강화하고 있다.

둘째, 위치정보 수집 등의 금지를 규정하여 개인 또는 이동성 있는 물건의 소유자의 동의 없이는 위치정보를 수집·이용 또는 제공할 수 없도록 하고, 위반 시 3년 이하의 징역 또는 3천만 원 이하의 벌금에 처할 수 있도록 하는 등(법 제15조 및 제40조) 위치정보의 보호를 강화한 것이다.

셋째, 개인위치정보의 제3자 제공 시 통보의무를 규정함으로써, 개인의 사생활 보호를 강화한 것이다. 위치기반서비스제공자는 개인위치정보 주체가 지정한 제3자에게 개인위치정보를 제공할 때에는 개인위치정보 주체에게 제공사실을 매회 즉시 통보하여야 한다(법 제19조 제3항).

넷째, 개인위치정보 파기의무의 규정이다. 위치정보사업자 및 위치기반서비스사업자가 개인위치정보의 수집·이용 및 제공목적을 달성한 때에는 즉시 개인위치정보를 파기하도록 함으로써 개인위치정보의 오남용을 방지하고자 하였다(법 제23조).

단계별 개인위치정보보호

수 집	저장관리	이용제공	파기
누구든지 동의없이 위치정보 수집금지	기술적·관리적 조치 강구 의무	위칮정보 이용·제공 시 사전 동의 의무	수집·이용·제공 목적 달성 후 개인위치정보의 파기 의무
위치정보 수집장치 대여자의 통지의무	위치정보수집·이용·제공 사실 자동 기록·보존 의무	명시, 고지한 범위를 넘는 위치정보 이용·제공 금지	가업 휴지·폐지 시 개인위치정보 파기 외무
통신기기 복제 등을 통한 불법위치추적금지	내부직원에 의한 변조, 훼손, 누실, 꽁세 금지	개인위치정보주체의 열람·고지권	등이 철회 시 개인위치성보 파기 의무
개인위치정보 수집 시 약관 명시의무	위치정보침해 시 고의·과실 입증책임 전화	긴급구조기관에 대한 위치정보 제공 의무	
개인위치정보 제3차 제공 시 견별 고지의무	개인위치정보의 보유근거 보유기간 약관 명시의무	긴급구조기관의 경보 발송요청 시 정보발송 의무	
개인정보주체의 일부 동의 유보권, 일시 중지 요구권	사업양도 시 개인위치정보 주체에 대한 통지의무	위치기반서비스 사업자에 대한 위치정보 제공의무	
14세 미만 개인위치정보 수집 시 법정대리인의 동의	긴급구조기관에 제공한 개인위치정보 통계자료 재출의무	위치정보시슴템을 통한 개인위치정보 제공 의무	
8세 이하 아동 동의의 친권자 등의 동의 각주			

출처: 한국전산원, 2005.

〈그림 2〉 위치정보의 보호절차

다섯째, 의사무능력자 등의 보호를 위한 위치정보이용 근거를 마련하였다. 즉, 8세 이하의 아동, 금치산자, 중증정신장애인(이하 8세 이하 아동 등)의 법정대리인, 후견인 등이 8세 이하 아동 등의 생명 또는 신체의 보호를 위하여 개인위치정보의 수집·이용 또는 제공에 동의하는 경우에는 당해 8세 이하 아동 등의 동의가 있는 것으로 보도록 함으로써 이들의 보호를 위하여 위치정보를 이용할 수 있는 제도적 장치를 마련하였다(법 제26조).

여섯째, 긴급구조를 위한 개인위치정보이용의 법적 근거를 명시하였다. 긴급구조기관은 개인위치정보 주체, 그 배우자, 2촌 이내의 친족 또는「민법」제928조의 규정에 따른 후견인의 긴급구조요청이 있는 경우 위치정보사업자에게 개인위치정보의 제공을 요청할 수 있으며, 위치정보사업자는 개인위치정보 주체의 동의 없이 위치정보를 수집·제공하도록 함으로써 원활한 긴급구조가 이루어질 수 있도록 하였다(법 제29조).

4) 시장진입절차

국내에서 위치정보사업자 및 위치기반서비스사업자가 시장에 진입하기 위해서는「위치정보법」에 명시되어 있는 바와 같이 허가 및 신고절차를 거쳐야 한다.

개인위치정보는 민감한 개인 프라이버시 중의 하나로 오남용 되는 경우 어떠한 피해보상으로도 회복이 어려우므로 사전 자격검증이 매우 필요하다. 위치정보의 정확성과 서비스 안전성을 확보하기 위해 위치정보를 수집하는 위치정보사업자에 대하여 일정 수준 이상의 시설과 인력 등을 허가조건으로 심사하게 된다. 또한 위치기반서비스사업자에게는 신고제가 적용된다. 위치기반서비스 사업의 경우 향후 다양한 서비스가 등장할 것임을 고려하여 산업활성화를 위해 신고제만을 적용시키고 있다.

〈그림 3〉 위치정보 관련 사업의 허가 및 신고절차

1) 위치정보 관련 사업 허가 · 신고 관련 이슈(방송통신위원회와 애플
   사례)

미국 애플사가 국내시장에 아이폰 진출을 추진하는 과정에서 위치
정보 관련 지도 및 나침반(휴대폰 화면이 나침반 역할) 등의 서비스
를 제공하고자 하였다. 그러나 위치기반서비스를 제공하는 사업자의
경우 국내에서는 반드시 방송통신위원회의 허가를 받도록 위치정보
법상에서 명시하고 있기 때문에 애플 역시 위치정보사업자로서 허가
절차가 필요하게 되면서 문제가 발생했다.

이와 같은 문제가 발생하자 방송통신위원회는 2009년 9월 23일 애

플사 아이폰의 위치기반서비스와 관련한 업무처리 방안을 논의하고, 애플이 직접 위치정보법에 따라 위치정보사업자 허가 및 위치기반서비스사업자 신고를 통하여 사업을 하거나, KT 등 위치정보사업자 및 위치기반서비스사업자로서의 자격을 갖춘 국내 이동통신사가 아이폰 위치서비스를 자사의 서비스로 이용약관에 포함시킬 경우 아이폰의 국내 출시가 가능하다고 밝혔다.

결국 애플사는 방송통신위원회의 의견을 받아들여 국내 위치정보사업자 허가신청서를 방송통신위원회에 제출하였고, 방송통신위원회는 이를 받아들여 2009년 11월 18일 애플사를 위치정보사업자로 허가하였다.

2) 긴급구조를 위한 위치정보법 개정(경찰관서도 개인위치정보이용 가능)

긴급구조를 위해 경찰관서가 112 신고자 등의 개인위치정보를 제공받을 수 있도록 하는 개정된 위치정보법이 2012년 5월 14일 공포돼 2012년 11월 15일부터 시행된다.

위치정보법에 의하면 위급상황에 처한 개인과 그의 배우자 등이 긴급구조를 요청할 경우 소방방재청 등 긴급구조기관이 개인위치정보를 획득할 수 있도록 하고 있다. 하지만 법조항에 명시된 긴급구조기관은 소방방재청과 해양경찰청만 해당되고, 경찰은 긴급구조기관에 해당하지 않아 개인위치정보 획득권한이 없었다.

이에 대한 지적이 지속적으로 제기되어, 이번에 공포된 위치정보법에서는 경찰관서에서도 긴급구조를 위해 112 신고자 등의 개인위치정보를 이용할 수 있도록 함으로써 위급상황에 처한 사람에 대해 신속한 구조가 이뤄질 수 있도록 했다.

개정 위치정보법안의 경우 112 신고로 긴급구조 요청을 한 경우 근거가 기록에 남고 법원의 사후승인을 받도록 규정하고 있다. 그리고 112 시스템의 인위적 조작을 금지하고, 신고자에게 문자로 위치정보 확인사실을 전송하고 있다. 또한 국민이 참여하는 위치정보이용심사위원회를 구성·운영하여 위치정보이용 사항 사후승인을 하도록 할 예정이다.

위치기반서비스는 스마트폰의 보급이 확내됨에 따라 새로운 가능성이자 블루오션으로 각광받고 있다. 시장조사기관 피라미드 리서치(Pyramid Research)는 2011년 7월에 발간한 보고서에서 2010년 5억 8,800만 달러 수준이었던 글로벌 LBS 광고시장은 2015년 62억 달러에 이를 것이라고 예측했다.

광고 외에도 생활편의와 관련된 수많은 위치기반의 스마트폰 애플리케이션들이 개발되면서 사용자의 편의성을 높여주고 있고, 소방방재청 등 긴급구조기관이 개인위치정보를 획득할 수 있도록 하여 긴급구조에도 적극 활용되고 있다. 또한 최근 스마트폰 사용자들이 페이스북과 같은 SNS를 통해 본인의 위치를 적극 알리는 등 개인위치정보에 대한 사용자들의 인식도 크게 변화하고 있는 추세여서 위치기반서비스의 활용이 더욱더 확대되고 있다. 그러나 국내의 경우 「위치정보법」을 통해 위치정보사업자에 대한 사전규제 및 사후규제를 엄격하게 적용시킴으로써 개인위치정보 주체의 개인 프라이버시 보호에 초점을 두고 정책을 실행해나가고 있다. 이러한 측면에서 세계 유일의 우리나라 위치정보법의 한계와 위치기반서비스의 긍정적인 활용을 위해 개선되어야 할 방향을 살펴보고자 한다.

우선 위치기반서비스의 규제에 있어서 사전규제보다 사후규제 강화에 중점을 둘 필요가 있다. 위치정보법에 따른 앱 시장규제의 경우 적용대상이 국내기업의 오픈 마켓으로 국한되어 있다. 즉, 규제법률 및 가이드라인이 애플의 앱 스토어, 구글의 구글 플레이 등의 해외 오픈 마켓에는 적용이 불가능하다는 점이 있다. 이에 대해 규제의 실효성이 떨어진다는 우려의 목소리가 있다. 즉, 사전적 규제장치인 인허가제가 더 이상 국내 LBS 시장에 대한 안전장치가 되지 못하는 실정이다. 또한 해외의 수많은 앱 개발사들을 모두 허가대상으로 삼는다 해도 국내 LBS 사업에 대한 진입장벽을 높여 국내 LBS 사업을 위축시킬 우려가 있다. 이에 대해 LBS에 대한 사전규제는 완화하되, LBS 사업자의 개인위치정보보호의 의무를 강화할 필요가 있겠다. 즉, 개인위치정보보호 의무를 소홀히 할 경우에는 부과되는 과태료를 강화하는 등 사후규제를 더욱 강화해야 한다. 또한 사후규제들이 잘 지켜지는지에 대한 모니터링 강화에도 더욱 힘써야 하겠다. 그리고 국가적인 차원에서 위치정보법과 관련된 제도적·기술적 부분에 대해 잘 알지 못하는 영세한 앱 개발사들을 대상으로 위치정보보호에 대한 교육을 적극적으로 시행해야 한다.

두 번째로 위치정보의 범위와 정확성 등에 상호이해가 필요할 것이다. 위치정보가 취득되고 운영되는 방법 등에 관한 내용은 위치정보보호법에서 구체적으로 잘 정의하고 있다. 그러나 위치정보의 정확도 등에 대한 한계는 언급되어 있지 않아 어느 정도까지를 위치정보로 인정할 것인지에 대한 혼란은 아직도 존재할 것으로 보인다. 이에 대해 위치기반서비스에 따라 규제하고자 하는 위치정보의 정확도, 범위를 달리하여 개인위치정보의 활용이 낮거나 프라이버시 침해가 낮은 서비스는 규제의 범위를 완화해주는 방법도 필요하겠다.

마지막으로 긴급구조 상황에서 위치정보 활용에 대해 충분한 논의가 이루어져야 한다. 그동안 소방방재청, 소방서, 해양경찰청 등 긴급구조기관만 긴급구조 상황에서 개인위치정보를 획득할 수 있었으나, 개정안이 통과되면서 경찰관서도 위치정보 획득권을 갖게 되었다. 강도, 피랍 등 형사사건 피해자는 물론 실종 아동의 보호자, 목격자, 피해사의 의사에 따른 제3자가 경찰에 112 신고를 한 경우에 한해 경찰이 위치정보를 이통사를 통해 긴급 조회할 수 있게 된 것이다. 하지만 국가기관에 의한 개인위치정보의 오남용을 우려한 시민단체들의 반발로 GPS 기능을 활용한 보다 정확한 위치정보 제공을 의무화하자는 내용은 이번 법률에서 제외되었다. 따라서 현실적으로 피해자의 정확한 위치추적이 어려운 기지국 위치조회만 가능하기 때문에 그 실효성에서 여전히 문제가 제기된다. 미국연방통신위원회(FCC)의 경우 몇 해 전부터 911 신고전화 등 긴급구조를 대비해 단말기 기능에 따라 기지국과 GPS 오차범위 기준을 의무적으로 명시하도록 규정하고 있다. 우리나라에서도 위급상황에 처한 피해자가 신속하게 도움을 받을 수 있도록 GPS와 기지국 오차범위 규정을 정한 뒤, 이 정보가 오남용 되지 않도록 철저히 법규제로 명문화하는 것이 필요하겠다.

참고문헌

김정태(2011), "Wi-Fi 기반 무선측위기술 특허계통도", 전자공학회지 제38권 제1
　　호 2011.1, pp.68~74.
김태성 외 2인(2006), "위치기반서비스의 비즈니스 모델", 한국통신학회논문지
　　Vol.31 No.9B, 2006.9, pp.848~856.
박용우(2001), "위치기반서비스의 기술동향 및 활성화 전망", KISDI IT FOCUS,
　　2001.7, pp.79~83.
방송통신위원회(2010), "LBS 산업육성 및 사회안전망 고도화를 위한 위치정보
　　이용 활성화 계획."
방송통신위원회, 한국인터넷진흥원(2010), "위치정보의 보호 및 이용 등에 관한
　　법률 해설서."
안경환 외 3인(2005), "위치정보보호시스템의 설계 및 구현", GIS/RS 공동춘계학
　　술대회.
양철관 외 1인(2004), "LBS 측위기술", 대한전기학회 제53권 제5호 2004.5, pp.34~40.
이성호 외 4인(2005), "위치기반서비스 기술동향", 전자통신동향분석 제20권 제3
　　호, 2005.6, pp.33~42.
정보통신부(2002), "위치정보의 보호 및 이용 등에 관한 법률안", 2002.
한국인터넷진흥원(2009), "국내외 개인위치정보보호 법제도 동향 보고서."
황주성 외 2인(2001), "공간정보이용촉진을 위한 법제도 연구", 정보통신정책연구
　　원, 2001.
3GPP(2001), "Location Services(LCS); Service description, Stage 1 (Release4)", TS 22.071., 2001.
LBS산업협의회(2008), "LBS 기술 및 시장동향 연구보고서", 한국정보통신산업협
　　회, 2008.2.
OGC(2001), "Open Location Services Platform: The Path to Interoperability for LBS", 2001.

Ⅱ

BYOD(Bring Your Own Device) 기반의 스마트워크 환경에서의 보안위협 및 대응방안

요약

최근 전 세계적으로 BYOD에 대한 관심이 큰 이슈로 부각되고 있다. BYOD는 기업경영에 있어 신속한 의사결정에 따른 업무효율성 증가, 자신만의 스마트기기를 사용함에 따른 만족도 상승, 사내 업무용 기기구입 비용감소 등 여러 가지 이점을 가져다준다.

하지만 이러한 많은 장점에도 불구하고 대다수 기업들은 보안위협을 우려하며 BYOD 도입을 망설이고 있다. 도입 시 예상되는 보안위협으로는 기업의 IT 통제권 상실, 악성코드로 인한 기업의 IT 자산위협, 단말기 도난 또는 분실로 인한 데이터 유출, 보안인식이 낮은 직원에 의한 기업데이터 유출, 사내인트라넷 해킹 등이 있다. 이러한 보안위협에 대해 근본적인 원인을 알아보고 대안을 찾지 않는다면 스마트워크 구축에 있어 BYOD의 활성화는 어려울 것이라 생각된다.

보안위협에 대응하는 가장 최선의 방법은 스마트기기를 사용하는 사용자와 BYOD를 도입하는 기업의 관리자가 각자의 보안 준수사항을 정확하게 인식하여 보안사고를 사전에 예방하는 것이다. 더불어 서로 간의 유기적인 협력을 통해 정보유출 피해발생 시 신속히 대응체계를 따름으로써 피해를 최소화해야 한다.

BYOD(Bring Your Own Device)란 스마트폰, 태블릿 PC등 개인소유의 IT기기를 업무에 보조적인 수단으로 이용하는 새로운 업무환경 트렌드를 의미한다. 이러한 트렌드는 스마트기기의 빠른 확산과 새로운 인터넷 환경, 즉 클라우드 컴퓨팅과 같은 기술을 이용하여 스마트워크를 구축하고자 하는 기업들의 관심으로 인해 본격적으로 도입되었다. 그렇다면 BYOD 기반의 스마트워크 환경이란 무엇을 의미하는지 알아보자.

이재성(2010)은 스마트워크를 정보통신기술(Information and Communication Technology)을 이용하여 기존의 제한된 공간, 시간에서 탈피하여 언제 어디서나 관계자들과 협업하고 효율적이고 편리하게 업무를 지속할 수 있는 업무환경이라고 정의하고 있다. 이러한 스마트워크는 아래와 같이 근무유형에 따라 크게 재택근무, 이동근무, 스마트워크센터근무 등으로 구분이 가능하며 이에 대한 장점과 단점은 다음 <표 1>과 같다.

〈표 1〉 스마트워크 근무유형

유형	근무형태	장점	단점
재택근무	자택에서 사내 인트라넷에 접속하여 업무수행	- 별도의 사무공간 불필요 - 출퇴근 시간 및 비용감소	- 노동자의 고립감 증가 및 협동 업무 효과 감소 - 보안성 확보의 어려움으로 일부 업무만 가능
이동근무 (모바일오피스)	모바일기기를 이용하여 현장에서 업무수행	- 대면업무 및 이동이 많은 경우 유리	- 근로자의 위치추적 등 프라이버시 침해 가능성
스마트 워크센터 근무	인근 원격 사무실에 출근하여 업무수행	- 사무환경 제공 가능 - 근태 관리 용이 - 보안성 확보 용이 - 업무 집중도 향상 가능	- 별도의 공간 및 사무시설 비용 소요 - 관련 조직 및 시스템 구축 필요

상기 표에서 제시한 내용을 참고한다면 BYOD 기반의 스마트워크 환경은 이동근무(모바일 오피스) 유형에서 파생된 하나의 형태라고 볼 수 있다. 이건봉(2010)은 기업이 모바일 오피스를 통해 업무를 처리하기 위해서는 Network, Device, 모바일 플랫폼, 애플리케이션(보안 포함)의 4가지 구성요소의 IT 인프라가 필요하다고 하였다.

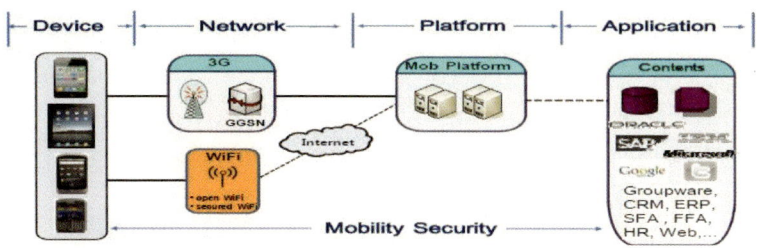

출처: 모바일 오피스 시장동향 및 기업고객 Needs 조사.

〈그림 1〉 모바일 오피스 시스템 구성도

BYOD 기반의 스마트워크 환경은 기업에 있어 여러 가지 측면에서 장점이 있다. 우선 자신만의 스마트기기를 업무에 활용함으로써 일의 능률과 효율성을 증대시키며 직원들의 업무만족도를 향상시킨다. 예를 들어 고객으로부터 서비스에 대한 문의나 반품, 환불요청 등 신속한 의사결정이 필요한 업무에서 직원들은 언제 어디서든 즉각 대응할 수 있게 됨으로써 직원들의 업무처리속노가 비약적으로 향상될 수 있다.

또한 기업내부의 비즈니스 프로세스가 신속하게 처리될 수 있다. 상사로부터 내려온 업무지시를 스마트기기를 이용하여 실시간으로 바로 확인하여 업무를 수행할 수 있게 되며, 필요하다면 어디서든 동료에게 인스턴트 메시지나 e-메일을 통해 업무협조 요청을 할 수 있게 된다. 이는 곧 자기에게 최적화, 맞춤화된 스마트기기를 회사의 업무용 PC처럼 활용하게 되어 직원들의 만족도가 높아지고 나아가 생산성 향상으로 이어질 수 있다.

비용적인 측면에서도 BYOD 도입은 기업에 있어 환영할 만하다. 직원 개개인들은 자신이 구매한 스마트기기를 회사업무에 이용함으로써 기업은 회사예산으로 스마트기기를 구입, 지급할 필요가 없기 때문이다.

출처: 한국정보화진흥원(2012.03), 스마트워크 우수사례집.

〈그림 2〉 직원 개인화된 모바일 서비스 포탈

　최근 한국수자원공사는 일하는 방식의 패러다임 변화에 부응하여 시간, 장소에 구애받지 않고 창의적이고 똑똑하게 일하는 스마트 경영환경 조성을 위해 K-water 스마트워크 추진 마스터플랜(2011년 3월)을 수립하였다. 부서장 대상으로 게시판, 연락망, 임원일정, 실시간 수자원정보 등 모바일 오피스(Mobile Office) 시범서비스를 제공하여 신속한 의사결정 및 정보공유로 스피드 경영체계의 실현기반을 마련하였다. 직원 개인특화 서비스인 근태관리, 급여, 시설관리신청 및 고객민원서비스 등을 개발하여 언제, 어디서나 끊임없이(Seamless) 쉽고 편리하게 업무에 활용할 수 있는 사용자 중심의 통합 모바일 서비스를 확대 구축·운영 중이다.

　또한 스마트기기 기반의 스마트 물 관리 정보서비스는 실시간 수문현황 및 영상, 주요 경계 알람(수위 등)을 제공하여 신속한 위기관리가 가능하다.

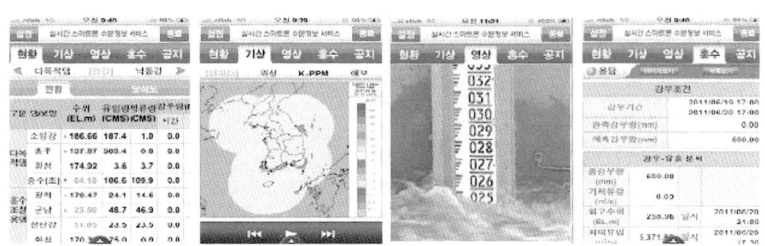

출처: 한국정보화진흥원(2012.03), 스마트워크 우수사례집.

〈그림 3〉모바일 실시간 수문정보(월평균: 2,000건)

이와 같이 BYOD 기반의 스마트워크의 도입은 많은 장점들을 가지고 있지만 한편으로 보안위협에 관한 우려의 목소리가 높다. 실제로 한국정보화진흥원에서 실시한 설문조사에서는 59.3%의 응답자가 스마트워크의 부정적인 측면으로 정보보안의 우려를 제기하였으며, 삼성경제연구소에서 CEO를 대상으로 한 설문에서도 설문자의 47.9%가 보안 문제로 인해 스마트워크 도입에 대해 고민하고 있음을 밝히고 있다.

또한 정보기술(IT) 자동화관리 서비스플랫폼 공급업체인 '카세야코리아'가 국내 기업에 근무하는 292명의 보안 관리자를 대상으로 한 설문조사에서 대다수 기업들의 스마트기기 보안관리의 취약성이 드러났다.

이 설문대상 중 절반이 넘는 52.8%가 모바일기기로 직원들이 사내 네트워크에 접근할 경우 사용권한이나 문서보안 등의 관리정책이 전무하다고 답했다. 사내 네트워크에 접근하는 주요 모바일기기는 중복 응답 기준으로 안드로이드폰(77.6%)과 아이폰(68.7%), 태블릿(59.7%) 순으로 나타났다. 또 모바일기기를 사용해 업무를 처리할 때는 e-메일(88.1%)을 가장 많이 활용하는 것으로 조사됐다.

한편 기업 IT 담당자들은 회사차원에서 직원의 스마트기기에 접근하는 것에 대해 '민감하다'고 61.9%가 응답해 사적인 영역에 대한 접근과 관리정책을 명확히 수립할 필요성이 지적됐다. 또 업무에 스마트기기를 사용할 때 고려하는 요인은 '데이터 보안'이 46.0%, '기능 및 사용 용이성'이 25.4%로 조사돼 정보유출을 가장 우려했다.

이에 따라 기업의 IT 담당자들은 스마트기기 관리에서 가장 필요한 사안으로 '보안 및 정책설정'(54.1%)을 뽑았으며 '백업 및 복구'(16.4%), '기기도난 및 손실관리'(13.1%) 등이 뒤를 이었다. 최갑천(2012)에 따르면 '카세야코리아'의 이인구 지사장은 "직원의 디지털기기들을 업무에 활용하는 BYOD 트렌드의 확산으로 각종 모바일기기를 사용해 기업 네트워크에 접속하는 사례가 크게 늘고 있기 때문에 보다 안정적이고 신속하게 시스템을 운용할 수 있는 모바일기기 자동화관리 솔루션에 대한 요구도 높아지고 있다."고 말했다.

이러한 보안의 위협에 대해 근본적인 원인을 알아보고 대안을 찾지 않는다면 스마트워크 구축에 있어 BYOD의 활성화는 어려울 것이라 생각된다.

따라서 본 글에서는 BYOD 기반의 스마트워크 환경에서 어떠한 보안위협들이 존재하는지 종합적으로 살펴볼 것이다. 또한 이를 통해 기업의 스마트워크 구축에 있어 BYOD가 좀 더 안전하고 신뢰성 있는 환경 속에서 도입될 수 있도록 직원 및 기업 담당자의 보안 준수사항, 스마트기기의 보안 요구사항들을 체계적으로 정리하여 방향성을 제시하고자 한다.

BYOD 도입에 따른 보안위협

BYOD 도입에 따른 보안위협으로
는 기업의 IT 통제권 상실, 악성코드로 인한 기업의 IT 자산위협, 단
말기 도난 또는 분실로 인한 데이터 유출, 보안인식이 낮은 직원에
의한 기업데이터 유출, 사내인트라넷 해킹 등이 있다. 이에 대해 아래
에서 좀 더 자세하게 다루어 보도록 하겠다.

1) 기업의 IT 통제권 상실

기업이 다양한 성향을 가진 개인들을 일률적으로 통제하기가 현실
적으로 어렵다. 따라서 개개인 모두에게 단말기에 백신을 설치하도록

강요하거나, 악성코드 감염을 방지하기 위해 P2P나 웹하드를 사용하지 못하도록 강제력을 발휘하는 것은 사실상 불가능하다.

기업의 입장에서 IT 통제권을 위해 개인의 단말기 사용에 대한 자유를 침해하고 제한한다면 직원들로부터 많은 반발이 일어날 것이다. 이로 인해 취약점 업데이트 등과 같은 통제 또한 개인용 IT기기에서는 제대로 반영되지 못할 수 있다.

2) 모바일 악성코드

모바일 악성코드는 개인정보와 금전적인 이득을 목적으로 하며, 2010년 7월을 기점으로 출현빈도가 급증하고 있다. 윈도우 모바일이나 안드로이드 기반의 스마트폰들은 검증되지 않은 앱을 통해서 사용자의 주소록, 통화기록, 문자메시지 등을 빼낼 수 있다. 아이폰의 경우에도 애플이 앱스토어를 통해 사전검증제도를 두고 있지만 Cydia 등 블랙마켓을 통한 앱의 유통도 이루어지고 있어 안전한 것만은 아니다.

현재까지 알려진 모바일 플랫폼별 악성코드 및 취약점은 유럽에서 유통되고 있는 심비안 계열이 가장 많으며, 최근 안드로이드 단말의 보급확대에 따라 안드로이드용 악성코드가 급격하게 증가하고 있어, 매주 5~10건 정도가 새롭게 보고되고 있다.

<표 2> 모바일 플랫폼별 취약점

Smart Phone OS	Windows Mobile	iPhone	Android
취약점	백도어, 단말 사용 불능 등 10여 종의 악성코드 존재	Jail Breake된 폰에서 2종의 악성코드 발견	애플리케이션 검증이 없어 Spyware 가능성이 높음 안드로이드 플랫폼 자체의 취약점을 노리는 공격 가능

출처: AhnLab(2011), "스마트워크 보안 이슈 및 대응".

모바일 악성코드의 형태를 보면 초기 바이러스나 웜으로 제작을 시도하고, 대부분이 개인 사용자 대상의 정보탈취가 목적이었으나 현재는 특정한 목적을 갖고 트로이목마 형태로 제작되는 경우가 증가하고 있다. 전체 모바일 악성코드의 80% 이상이 트로이목마이므로 앱을 설치할 때 다운로드 수, 사용자 평가 등을 고려해야 하며, 스마트워크나 모바일 오피스를 구축할 경우는 단말에 설치된 앱에 대한 사전검증 및 설치제어가 가능한 기능을 갖도록 해야 한다고 한다.

또한 2012년 3월 16일, 한국인터넷진흥원이 정보통신기업 '주니퍼 네트웍스(Juniper Networks)'의 조사를 인용한 자료에 따르면 2010년 0.5%에 그쳤던 스마트폰 악성프로그램은 2011년 46.7% 점유율을 기록했다고 한다. 1년 사이에 90배 이상 증가하였다는 것이다.

스마트워크 시대에 BYOD 도입을 실행하는 기업이 늘어나면서 악성코드에 의한 보안 문제가 점점 확대될 것이라 예상된다. 악성코드는 개인의 단말기를 감염시키고 네트워크를 통해 확산되기도 한다. 그리고 기업의 내부 인트라넷에 접속하는 경우, 기업의 정보를 파괴하거나 기업의 IT 자산에 막대한 손해를 불러온다.

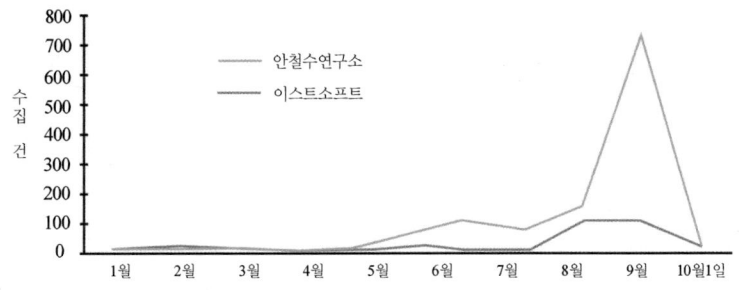

출처: AhnLab(2011), 최신보안뉴스 "스마트폰 악성코드 하반기 들어 폭발적 증가".

〈그림 4〉 2011년 국내 모바일 악성코드 수집현황

김희연(2012)에 따르면 션 설리번 F 시큐어 악성코드 분석가가 최근에 겉으로 보기에는 해를 끼치지 않을 것 같은 프로그램이 시간이 지남에 따라 바이러스를 가지고 있는 트로이목마 형태의 악성코드로 변화하는 변종 악성코드가 증가하고 있는 추세라고 밝혔다고 한다.

3) 단말기 도난 또는 분실로 인한 데이터 유출

직원들의 일부는 회사에서 다 처리하지 못한 업무를 마무리하기 위해 회사의 업무관련 문서들을 자신의 스마트기기에 저장하여 자택으로 가지고 오는 경우도 있다. 이 과정에서 자신의 단말기를 분실하거나 도난을 당하는 경우가 있는데 이러한 직원의 부주의함과 실수로 인해서 회사의 데이터들이나 기밀문서가 외부로 유출되는 경우가 발생한다. 2010년 Symantec이 조사한 자료에 의하면 스마트폰은 PC에 비해 분실 및 도난 위험이 15배 이상 높은 것으로 파악됐다.

기업은 이러한 보안상의 문제를 방지하기 위해 업무관련 문서를 외부로 가지고 나가는 것을 금지하기도 한다.

4) 보안인식이 낮은 직원에 의한 기업데이터 유출

2011년 5월 보안업체인 Symantec에서 기업 내 스마트폰 사용자를 대상으로 설문조사를 실시하였다고 한다. 전체 설문자의 63%가 기업에서 업무를 위해 스마트폰 사용을 허용하고 있으나 이 중 51%가 스마트폰 보안정책이나 정보보호방안에 대한 교육을 받은 적이 없다고 밝혀, 기업에서 업무에 사용되는 보안관리가 제대로 이루어지고 있지 않음을 확인할 수 있었다.

또한 설문의 응답자 가운데 75%가 스마트폰의 사용이 기업 네트워크 및 정보보안에 아무런 영향을 미치지 않거나(23%) 미미하게 영향을 미친다고(52%) 답하고 있고, '스마트폰, 노트북, 지갑, 자동차 키' 중 분실 시 가장 걱정이 되는 물건을 선택하라는 질문에는 13%만이 스마트폰을 선택하고 있어, 스마트폰의 중요성에 비해 사용자의 보안인식이 미흡한 상황임을 알 수 있다(이경복, 2011). 이렇듯 직원이 단말기 사용에 의한 보안의 중요성을 깨닫지 못하면 기업의 데이터가 유출되는 상황까지 발생할 수 있어 직원의 보안인식교육의 중요성이 더욱 부각되고 있다.

5) 사내 인트라넷 해킹

과거에 개인 PC가 안고 있던 보안 문제뿐만 아니라 스마트기기가 가지는 '이동(move)'이라는 특성으로 인해 보안의 위협이 더 증가하

출처: CIO Report, 2010.10, 한국정보화진흥원.

〈그림 5〉 인트라넷 해킹위협

게 되었다. 스마트기기를 이용하여 불법적인 테더링 및 악성코드 설치 등으로 사내 인트라넷에 접속하여 기업 및 기관내부 정책·업무자료의 유출이 가능하며, 이를 통하여 특정서버 악성코드 감염 및 전파가 가능하다.

또한 개방형 Wi-Fi 존에서 해커로부터 ID와 Password의 유출 가능성이 커졌고 암호화가 적용되지 않은 AP 이용 시 이용자의 개인정보가 유출될 가능성이 있다. 따라서 모바일 접속구간(단말과 무선인터넷의 접속)에서 발생 가능한 침해유형인 비인증(rogue) AP로 모바일 단말을 유도하고 사용자 로그인 시 정보의 해킹시도(비인증 AP 해킹), 기기 간의 통신을 조작하는 MITM(Man-In-The-Middle) 공격을 통해 정보를 유출하거나 거짓정보의 삽입시도(중간자 공격) 등에 대한 보안대책이 수립되어야 한다.

참고로 Air Tight Networks에서 2010년 전 세계 27개 공항 대상 무선랜 취약성 조사결과, 80% 이상이 보안에 취약하게 나타났으며, 국내도 전국에 걸쳐 무선 AP(42,997대)에 대한 보안현황 조사를 한 결과약 44.8%가 보안이 설정되지 않고 운영된다는 보고(출처: KISA, 2010.07) 등 전반적으로 무선 AP에 대한 보안이 이슈가 되고 있다.

모바일 접속구간에 대한 보안을 위해서는 AP 관제, m-VPN 등 기술 적용과 함께 서버접속구간에 대한 침입차단 및 방지대책과 보안관제 등의 보안강화가 필요하다. 서버접속구간은 기 검증된 기술 및 솔루션이 있으므로 이를 잘 구성한다면 보안위협으로부터 어느 정도 안전성을 확보할 수 있을 것이라 보고 있다(최은혁, 2011).

BYOD 도입에 따른 보안성 향상을 위한 요구사항

지금까지 BYOD 도입에 따른 보안위협에는 어떠한 것이 있는가에 대해 살펴보았다. 이러한 위협들을 간과할 수 없는 이유는 보안위협 등 때문에 실제 보안 피해사고가 발생한다면 기업의 입장에서 BYOD의 도입은 '빛 좋은 개살구'가 되기 때문이다. 즉, BYOD의 도입으로 인해 얻는 비용절감, 시간과 공간의 제약탈피와 같은 긍정적인 효과보다는 오히려 기업 내부의 기밀유출과 같은 부정적인 결과만을 가져오게 돼 기업은 치명적인 피해를 입을 수 있다.

그러나 이러한 보안위협들은 스마트기기를 사용하는 사용자, 그리고 BYOD를 도입하는 기업의 관리자가 각자의 보안 준수사항을 정확하게 인식하고 수행함으로써 충분히 사전에 대응이 가능하다.

1) 사용자(직원) 준수사항

여기서 사용자란 자신만의 스마트기기를 업무에 이용하는 기업의 직원을 의미한다. BYOD의 보안성을 유지하기 위해서는 사용자의 책임과 의무가 상당히 크다고 볼 수 있다.

가장 먼저 사용자의 보안의식의 제고가 필요하다. 사용자는 언제 어디서든 자신의 스마트기기가 항상 보안에 노출되어 있다는 것을 인식하고, 스마트기기의 비밀번호 설정, 주기적인 패치 및 안정성이 확인되지 않은 앱 프로그램의 미설치 등의 기본적인 보안관리를 수행하여, 일반적인 해킹이나 공격에 안전하게 대처할 수 있어야 한다 (이경복, 2011).

또한 사내에서 제공되는 보안 관련 교육에 있어 단순히 '업무에 방해되는 시간'이라는 인식을 버리고 적극적으로 참여하는 자세가 필요하다. 보안 관련 교육의 범위는 정보보호 관련 교육, 업무용 PC 및 스마트기기의 보안교육, 인터넷 및 e-메일 관련 보안교육, 보안 서약서 작성 및 제출 등이 될 수 있다. 이러한 교육은 사내 보안담당자의 강의교육, 웹을 이용한 온라인교육, 외부위탁교육 등의 다양한 방법을 통해 진행되며 대기업의 경우는 신입사원교육에도 포함하여 실시하고 있다.

다음으로 사용자는 기업에서 제공하는 스마트기기 취급관리에 대한 가이드라인을 숙지하여야 한다. 기업은 스마트기기를 업무에 사용하는 직원들과 해당 스마트기기의 사용 관리하기 위한 기업정책 및 가이드라인을 보유하고 있을 것이다. 사용자는 이러한 기업의 보안정책은 물론 스마트기기 사용 가이드라인, 기밀 유출사고 대응 프로세스를 숙지하고 준수해야 한다.

2) 기업 IT 담당자 준수사항

기업 IT 담당자는 안전하고 신뢰성 있는 보안 인프라를 사용자에게 제공함으로써 기업의 BYOD 환경을 체계적으로 관리하고 유지해야 할 책임이 있으며, 사고발생 시 신속하게 조기대응을 하기 위한 대책을 세워야 한다. 여기서 보안 인프라란 스마트기기와 사내 인트라넷 사이의 데이터 송수신에 참여하는 모든 네트워크 요소들을 포함한다. 보안 인프라의 보안성 수준이 안전한 BYOD의 이용을 보장한다고 볼 수 있다. 세부적인 보안 인프라 요구사항은 아래 <표 3>과 같다(이형찬, 2011).

<표 3> 보안 인프라 요구사항

분류		세부 요구사항
물리적 계층	무선랜	인가된 내부 AP만 운용 및 접속 허용 - 접속 시 스마트폰 사용자 인증 및 암호화 통신사용 - AP의 SSID Broadcast 통제
	기타	허가받지 않은 장치를 통한 인터넷 연결 금지 (예: 테더링 기능 사용 금지)
네트워크 계층	무선 침입방지 시스템	사내 무선랜 운용 시 비인가 무선 단말/AP 탐지 등을 위한 무선 침입방지 시스템 운영
	VPN	스마트기기에서 사내망까지 VPN 적용
		VPN 클라이언트는 보안담당자의 통제를 받아 배포
	보안관제	해킹, 웜, 바이러스 감염 대응을 위함 보안관제

기업에 있어 보안을 위한 가장 좋은 방법은 기업기밀정보를 개인 스마트기기에 저장하지 않도록 하는 것이다. 클라우드 컴퓨팅과 같은 기술을 이용하면 이용자가 접근하는 기업 데이터가 비교적 안전한 기업 클라우드 서버 내에 있기 때문에 효과적으로 데이터 유출을 차단할 수 있다. 또한 스마트기기 암호화와 원격삭제기술이 결합되면 보다 안정적인 보안이 가능하다. 암호화된 데이터를 풀기 위해 시간이 많이 소요되므로, 원격으로 모든 데이터를 지울 수 있는 시간을 마련할 수 있다. 또한 지정된 패스워드 실패횟수를 넘어가면, 기기 스스로 모든 데이터를 지울 것이다.

김태경(2011)에 따르면 기업 IT 담당자는 단말보안대책으로 다양한 솔루션의 도입을 고려할 수 있을 것이라고 한다. 예를 들어 플랫폼에서 편집이 불가능한 형태로 변환하여 스트리밍 방식을 사용하여 스마트기기에 데이터를 전송할 수 있으며, 문서보안 기능을 제공할 수 있는 디지털저작권관리(DRM) 솔루션 역시 보안을 위한 대안이 될 수 있다. 이러한 기능을 통해서 안정적인 문서작업 및 업무수행이 가능하며 더불어 콘텐츠 보호를 위한 관리적 보호대책이 제공되어야 한다.

이 밖에도 BYOD의 안전성을 보장하기 위한 기술에는 지능형 WI-FI 기술, MDM(Mobile Device Management) 등이 있다. 참고로 아이폰의 경우 유료 서비스인 Mobile Me, 안드로이드폰의 경우 관련 애플리케이션(Mobile Defense, B-Folders 등), 윈도우 모바일의 경우 관련 애플리케이션(Remote Tracker 등)을 이용하여 원격 잠금 및 원격 파일 삭제 등이 가능하다고 한다.

위와 같은 기술들은 기업이 업무에 활용하기 이전에 기업 IT 담당자에 의해 활용 가능성 여부가 검토되어야 하며 주기적으로 관리되고 유지 보수될 수 있도록 기업정책 차원에서 프레임워크가 마련되어야 한다. 또한 기업 IT 담당자는 사용자의 스마트기기 취급관리에 대한 보안교육의 책임이 있다. 스마트기기 관련 보안교육 및 훈련을 정기적으로 실시하고, 내부규정에 따라 업무현황에 대한 모니터링을 실시할 수 있으며, 또한 정보보안을 위한 관리조직을 별도로 구성할 수 있다(이경복, 2011).

마지막으로 기업 IT 담당자는 기업의 핵심 데이터 유출 시 신속하게 대응할 수 있는 대응 프로세스를 수립하고 사용자에게 인지시켜야 한다. 예를 들어 업무에 사용 중이던 스마트기기가 사용자의 부주의로 인한 분실 및 도난사고가 발생했을 경우 해당 계정의 기업 데이터 접속을 신속히 차단하고 기업의 핵심 데이터를 안전하게 보관할 수 있는 초기 대응 프로세스가 마련되어야 한다.

04
결론

　　　　　　　　　　　지금까지 언급했듯이 스마트워크
환경에서의 BYOD의 성공적인 도입은 분명 기업업무 환경의 패러다
임을 크게 변화시킬 것이 분명하다. 즉, 업무의 유연성으로 인해 기업
의 업무효율과 생산성을 향상시키며 이것은 곧 기업 가치상승으로
이어질 것이다.

　이에 관한 사례로 최근 삼성전자는 반도체 생산라인에서 스마트기
기를 이용해 반도체 생산과정을 관리할 수 있는 가칭 '모바일 팹(Fab)'
시스템 시범 가동을 들 수 있다. 이 시스템을 이용해 기존에 종이 차
트를 통해 수작업으로 관리하던 복잡한 반도체 제조 및 테스트 공정
의 체크 리스트를 스마트기기로 관리함으로써 클릭 한 번으로 공정

을 관리할 수 있다. 또한 공정상의 절차누락으로 빚어질 수 있는 품질 이슈를 스마트기기의 시각화된 애플리케이션으로 모니터링 할 수 있어 품질을 높이는 데도 크게 기여할 것으로 기대하고 있다.

더욱이 외부와 엄격히 차단돼 별도 출입관리가 필요한 클린룸 내부 담당자와 외부 담당자 간 실시간 커뮤니케이션이 가능해지면서 효율적 협업도 가능해짐으로써 업무 프로세스가 유연해지고 단순화되는 등 업무처리 속도가 빨라질 것으로 전망하고 있다(유효정, 2012).

이렇듯 BYOD 도입에 대해 많은 회사들이 관심과 기대를 갖고 있지만, 염려 또한 높은 것이 사실이다. 이에 대해 사용자와 기업 IT 담당자는 BYOD 도입의 따른 보안성 향상을 위한 요구사항을 준수할 필요성이 있다. 사용자가 따라야 할 요구사항으로는 보안의식의 제고, 사내 보안 관련 교육에 적극적인 참여, 기업에서 제공하는 스마트기기 취급관리에 대한 가이드라인 숙지가 있다. 또한 기업 IT 담당자는 신뢰성 있는 보안 인프라 제공, 사고발생 시 조기대응을 위한 대책마련, 기업 기밀정보 스마트기기 저장 금지, 단말 보안대책 관련 솔루션 도입, BYOD의 안전성을 보장하기 위한 지능형 WI-FI 기술, MDM의 도입 등이 있다.

즉, 사용자와 기업 IT 담당자들의 유기적인 협력 아래 BYOD를 도입한다면 BYOD는 많은 기업인들의 환대를 받으며 지금보다 널리 기업업무의 효율성을 증대시키고 기업에 안전하게 정착될 것이라고 기대한다.

참고문헌

김태경 외 2인(2011), "스마트워크 보안방안에 대한 연구", 한국정보처리학회,
　　2011년 춘계학술대회발표자료.

문영수(2012.3.22), "스마트폰 악성프로그램 '멀웨어' 급증 개인정보가 위험하다",
　　데일리 e스포츠, [2012.6.17], http://www.dailygame.co.kr/news/read.php?id-
　　=58247.

유효정(2012.5.24), "삼성전자 반도체 생산라인, 모바일 업무로 생산성 'UP'", etnews,
　　[2012.6.17], http://www.etnews.com/news/computing/informatization/2594396-
　　_1475.html.

이건봉 외 1인(2010), "모바일 오피스 시장 동향 및 기업고객 Needs 조사", KT경
　　제경영연구소.

이경복 외 2인(2011), "스마트워크 환경변화에 따른 보안위협과 대응방안", 디지
　　털정책 연구, Vol.9, no.4, pp.29~40.

이재성 외 1인, "스마트워크 현황과 활성화 방안 연구", 한국지역정보화학회지
　　제13권 제4호(2010.12), pp.75~96.

이형찬 외 2인(2011), "스마트워크 보안위협과 대책", 정보보호학회지, 제21권
　　제3호, pp.12~21.

황해수 외 1인(2011), "인징한 스마트워크 향상을 위한 Mobile Security 대응모델
　　에 관한 연구", 정보보호학회지, 제21권 제3호, pp.22~34.

장윤정(2011.11.15), "스마트폰 악성코드 하반기 들어 폭발적 증가", etnews,
　　http://www.etnews.com/news/computing/security/2523086_1477.html.

최갑천(2012.6.6), "스마트워크, 도입 우선 보안은 뒷전", 파이낸셜 뉴스, [2012.6.17],
　　http://www.fnnews.com/view?ra=Sent0901m_View&corp=fnnew-
　　s&arcid=20120607010004137000 2643&cDateYear=2012&cDateMonth=06&c
　　DateDay=06.

최은혁(2011), "스마트워크 보안 이슈 및 대응", KT 경제경영연구소.

한국정보화진흥원(2010.10), "스마트폰과 모바일오피스의 보안이슈 및 대응전
　　략", CIO Report.

한국정보화진흥원(2012.3), 『스마트워크 우수사례집』.

Eric Vanderburg(2012.02), Australian Reseller News.

금융보안연구원(2010.12), 정보유출 위협 및 대응방안 연구보고서.

III

DDos 공격의 실태와 방어전략

요약

정보화 사회로의 발전으로 정보화는 대부분의 업무를 지원하는 역할을 하게 되었다. 국가 사회적으로 정보화는 중요한 부분을 차지하게 되었지만, 그에 따라 정보화의 역기능도 지속적으로 증가하였다. 특히 목적성을 띤 DDoS 공격은 끊임없이 발생하고 있으며, 지능화·고도화되고 있다. 그 피해 또한 계속해서 증가하고 있다. 이러한 DDoS 공격에 대비하여 공공기관이나 민간기업에서는 관제센터, 침해사고 대응팀 등 정보보호활동을 전담하는 사이버안전센터를 운영하고 있지만, 사전에 DDoS 공격을 예방할 수 있는 원천적인 대응책이 필요한 실정이다.

사이버공격으로 인해 기업의 주요 시스템이 파괴되거나, 서비스 불능 사태가 발생하면 기업의 신뢰도가 떨어지고, 복구하는 데 많은 시간과 비용이 소요되어 큰 손실을 입게 된다. 이러한 사이버공격에 의한 손실을 막기 위해 사전에 예방하고 관리할 필요성이 대두되고 있다.

본고에서는 DDoS 공격의 유형을 알아보고, 이에 대한 방어책을 조사하였다. 또한 다양하게 변화하며 지능화되고 있는 DDoS 공격의 동향을 감안하여 이에 대한 대응방안에 대해서도 고찰해보았다.

DDoS 공격을 비롯한 사이버 침해사고는 앞으로도 계속될 것이며, 보다 지능화될 것이다. 따라서 이전보다 효율적이고 적극적인 방법으로 사이버 침해사고에 대응해야 하고, 사전에 철저하게 대비해야 할

것이다. 일반사용자는 좀비 PC에 악용되지 않도록 지속적인 주의를
기울여야 하고, 보안담당자는 DDoS 공격에 미리 대비하고 효과적으
로 대응해야 한다. 본고가 지속적이고 안정적인 인터넷 서비스 제공
에 도움이 되기를 희망한다.

01
서론

　　　　　　　　　대한민국은 21세기에 들어 거의 100%에 달하는 인터넷 보급률과 고도의 정보화 수준으로 정보화 사회로 진입했다. 일상생활에서 대다수가 컴퓨터를 사용하여 업무를 보고, 온라인게임을 즐기고, 동영상 강의를 수강하고, 인터넷 쇼핑을 하고, 스마트폰으로 은행계좌를 확인한다. 그러나 온라인에 대한 의존도가 높아진 만큼 생활은 편리해졌지만 정보화의 뒷면에는 수많은 역기능이 나타나고 있으며, 금전적·정치적·군사적인 목적을 지닌 자들에 의한 대규모 분산 거부 공격(Distributed Denial of Service, 이하 DDoS)이나 개인정보 침해사고가 연이어 발생하고 있다.

　과거의 해킹이 자기과시와 단순 호기심에서 발생하였던 것과 달리 최근에는 금전요구 등 목적성을 띤 악의적인 해킹공격이 주로 발생하고 있다. 2011년 3월 3일에는 공공기관과 기업을 대상으로 한 DDoS 공격이 발생하였고, 2011년 4월 12일에는 농협 전산망이 해킹당하는 사건이 발생하였다.

단순히 해킹기술에 의존한 공격을 해오던 해커들이 지난 7·7, 3·4 DDoS 공격에서는 대량의 좀비 PC를 동원하여 공격을 시도했다. 기존의 통상적인 방법으로는 방어할 수 없었고, 신속하게 대응하지 못해서 이로 인해 많은 불편을 겪었다. 특히 NetBot Attacker, Zeus 등의 악성코드 제작 툴 킷이 공개되면서 DDoS 공격은 간헐적인 공격에서 대중적이고 상시적인 위협으로 탈바꿈하고 있다. 봇넷은 이미 블랙마켓에서 500달러 내외로 거래되고 있으며, 좀비 PC를 제공해주는 서비스까지 등장하였다. 이처럼 DDoS 공격은 점점 더 지능화되고 있고 상시적인 위험으로 바뀌어가고 있다. 따라서 DDoS 공격을 수행하는 좀비 PC를 원천적으로 탐지하여서 사전에 예방하는 것이 중요해지고 있다.

본고에서는 정상 PC가 좀비 PC가 되어 DDoS 공격에 악용되는 것을 막기 위해 사용자 관점에서의 좀비 PC 탐지방법을 살펴보고, DDoS 공격 사전예방 및 방어기술에 대해 고찰할 것이다. 이를 통하여 DDoS 공격의 피해를 줄이고 능동적인 방어체계를 제안하고자 한다.

## 02

DDoS 공격 개요

1) DoS(Denial of Service)

DoS는 시스템을 악의적으로 공격해 해당 시스템의 자원을 부족하게 하여 원래 의도된 용도로 사용하지 못하게 하는 공격기법이다. 특정서버에게 수많은 접속시도를 만들어 다른 이용자가 정상적으로 서비스 이용을 하지 못하게 하거나, 서버의 TCP 연결을 바닥내는 방식 등이 공격에 이용된다. 보통 인터넷 사이트 또는 서비스의 기능을 마비시킨다.

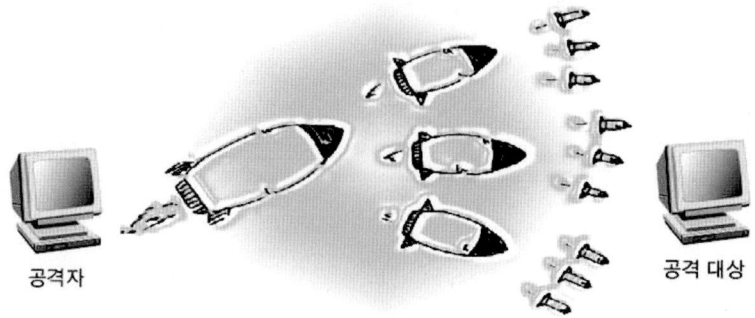

<그림 1> DoS(Denial of Service) 공격

2) DDoS(Distributed Denial of Service)

　DDoS는 DoS에서 발전된 형태의 공격이다. 많은 수의 호스트들에
DoS 공격용 프로그램들이 설치되어 대량의 트래픽을 특정 시스템 또
는 홈페이지에 전송함으로써 네트워크 및 시스템의 과부하를 유발시
킨다. 과거 다수의 인원이 특정 홈페이지에 접속하여 Reload 버튼을
클릭하는 원시적인 방법을 이용했지만 최근에는 봇넷(이하 좀비 PC)
을 이용한 DDoS 공격이 주를 이루고 있다. DDoS 공격은 네트워크 자
원을 고갈시키는 방법으로 정상적인 시스템운영을 방해하고 가용성
을 저해한다.

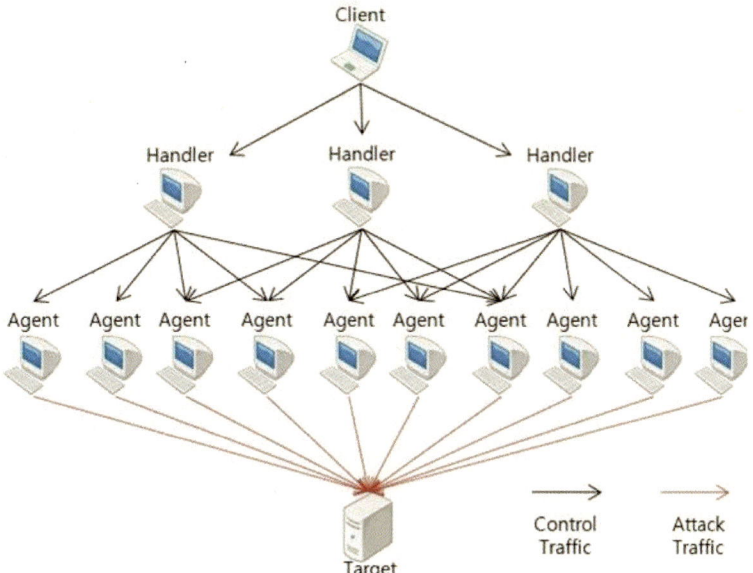

Client

Handler   Handler   Handler

Agent Agent Agent Agent Agent Agent Agent Agent Agent Ager

Target

Control   Attack
Traffic   Traffic

〈그림 2〉 DDoS(Distributed Denial of Service) 공격

## 03

DDoS 공격 유형과 대응방안

1) 통신량 한계 초과 공격

통신량 한계 초과 공격에 대한 개요 및 징후 탐지/대응 방안은 <표 1>에 정리해놓았다.

〈표 1〉 통신량 한계 초과 공격 개요 및 징후 탐지/대응 방안

구분		내용
공격 기술 개요	UDP Flooding	UDP(User Datagram Protocol)를 이용한 패킷 전달은 비연결형 서비스로 포트 대 포트로 전송한다. 대표적인 응용 서비스로는 TFTP, SNMP, 실시간 인터넷 방송 등이 있으며 UDP의 비연결성 및 비신뢰성 특성 때문에 공격이 비교적 용이하다. UDP는 출발지 IP주소와 출발지 포트를 스푸핑(spoofing)하기 쉽기 때문에 1,000~1,500바이트 정도의 큰 패킷을 대량으로 대상 서버에 전송함으로써 네트워크의 부하를 유발한다.

공격기술개요	ICMP Flooding	ICMP(Internet Control Message Protocol)는 호스트 간 혹은 호스트와 라우터 간의 에러와 상태변화를 알려주고 요청에 응답하는 기능을 하는 네트워크 제어 프로토콜로 활성화된 서비스나 포트가 필요 없는 프로토콜이다. ICMP Flooding은 공격자가 대량의 ICMP echo request 패킷 공격을 대상 서버에 전송하여 대상 서버가 대량의 ICMP echo reply 패킷을 전송하게 함으로써 네트워크의 부하를 발생시키는 공격기법이며 Smurf worm과 같은 변종이 존재한다.
징후탐지 및 대응방안	징후탐지	네트워크 모니터링 시스템(MRTG, FlowScan 등)을 통한 트래픽 변화를 탐지하고, 네트워크 속도 저하, 라우터 과부하, 방화벽, IDS/IPS 트래픽 처리량 증가를 탐지한다. UDP Flooding의 경우, 잘못된 서비스 포트로 UDP 패킷이 전달되었을 때 발생하는 ICMP Destination Port Unreachable 메시지가 비정상적으로 다수 발생한다.
	대응방안	통신량 한계 초과 공격의 경우에는 네트워크 상단(ISP, IDC, 라우터 등)에서 처리하는 것이 네트워크 장비 및 보안장비의 부하를 줄이는 데 효과적이다. 가용한 네트워크 대역폭을 초과해서 들어오는 공격은 방어가 불가능하며 유입되는 트래픽을 차단하기 위해서는 트래픽 분석이 선행되어야 하나 공격이 순식간에 발생하는 경우에는 트래픽 분석 시점에서 이미 네트워크가 마비될 수도 있다. 유입되는 트래픽이 정해진 대역폭 임계치를 벗어나는 경우 트래픽을 차단한다. 공격 IP주소가 실존하지 않는 스푸핑된 IP주소인 경우는 ISP, 라우터, 방화벽에서 차단한다. ISP, IDC 등 상위단의 백본을 관리하는 기관의 협조 하에 대상 IP주소에 대한 트래픽 전체를 임시적으로 차단한다. 임시적으로 블랙홀 라우팅을 이용하여 피해 서버로 유입되는 트래픽을 차단하거나 라우드 ACL 실정을 통해 공격 IP주소, 특정 프로토콜에 대한 트래픽을 차단한다. 공격 IP주소가 소수인 경우에는 블랙홀 라우팅 또는 ACL 설정을 통해서 트래픽을 차단할 수 있으나 공격 IP주소가 다수인 경우에는 설정 자체가 무의미하다.

2) 접속처리 한계 초과 공격

접속처리 한계 초과 공격에 대한 개요 및 징후 탐지/대응 방안은 <표 2>에 정리해놓았다.

<표 2> 접속처리 한계 초과 공격 개요 및 징후 탐지/대응 방안

구분		내용
공격 기술 개요	SYN Flooding	공격자가 다수의 좀비 PC 및 공격도구를 이용하여 출발지 IP주소를 변조한 후 다량의 SYN 패킷을 공격대상 서버로 전송하면 대상 서버는 SYN 패킷을 수신하고 SYN/ACK 패킷을 변조된 출발지 IP주소로 전송한 후 ACK 패킷을 기다린다. 공격받은 서버는 다수의 SYN_RECEIVED 세션 상태가 발생하게 되어 서버의 CPU 및 Connection 자원의 고갈이 발생한다.
	Connection Flooding	공격자가 다수의 좀비 PC 및 공격도구를 이용하여 출발지 IP주소를 변조하지 않고 다량의 SYN 패킷을 공격대상 서버로 전송하면, 서버는 SYN 신호를 받고 SYN/ACK 신호를 해당 출발지 IP주소로 전송한 후 ACK 신호를 받게 된다. 공격받은 서버는 다수의 Established 세션 상태가 발생하게 되어 서버의 CPU 및 Connection 자원 고갈이 발생한다.
징후 탐지 및 대응 방안	징후 탐지	피해 서버 부하 발생, 보안장비 트래픽 처리량 증가, 피해 서버 CPU 확인, netstat 명령으로 TCP 세션 상태를 확인한다. 피해 서버는 평소보다 established 세션이 급격하게 증가한다.
	대응방안	공격 진원지가 국외인 경우는 임시적으로 해외 트래픽을 차단한다. 세션을 관리하는 장비에서는 동일 IP주소에 대한 동시 접속량을 제한 및 차단시킨다. 소스 IP주소가 특수목적 IP주소에 해당하는 경우는 스푸핑된 것으로 간주하고 ISP, 라우터, 방화벽에서 차단한다. SYN Proxy 및 SYN Cookie를 이용하여 사용자별 세션을 관리한다. SYN Proxy 사용 시 정상적인 사용자로 판단하기 위해서는 한 번 이상의 학습기간이 필요하며 SYN Proxy 테이블의 크기 한계로 인해 고용량 네트워크에서 이 기술을 적용하기에 어려움이 있다. SYN Cookie 사용은 SYN Flooding 공격에는 효과적이지만 복합적인 공격에는 효과가 제한적이다.

3) 홈페이지 부하 가중 공격

홈페이지 부하 가중 공격에 대한 개요 및 징후 탐지/대응 방안은 <표 3>에 정리해놓았다.

<표 3> 홈페이지 부하 가중 공격 개요 및 징후 탐지/대응 방안

구분		내용
공격기술 개요	GET Flooding	특정 웹페이지(URL)나 php, asp 등과 같은 웹사이트 내의 다이내믹 콘텐츠에 대한 요청을 집중적으로 수행함으로써 공격대상 웹서버와 DB 서버의 CPU나 Connection 자원의 고갈을 유발시키는 공격기법이다.
	CC Attack	공격자가 HTTP 헤더의 User-agent 필드의 Cache-Control 옵션을 'no-cache, no-store, must-revalidate, max-age=0'으로 설정하여 공격대상 홈페이지의 URL을 호출하여 웹 서버의 부하를 가중시키는 공격기술이다. 공격자가 대상 서버에 페이지를 요청할 때 캐싱을 요청하지 않아 웹 서버와 DB서버에 부하가 가중되어 서비스 불능 상태가 발생할 가능성이 있다.
	Slowloris Attack	아파치(Apache) 웹서버를 대상으로 하는 공격기법으로 정상적인 연결을 공격 대상 서버와 맺은 다음에 미완성된 HTTP 헤더를 대상 서버로 전송하여 대상 서버가 완성된 HTTP 헤더를 위해 연결을 유지한 가운데 대기 상태로 머물게 된다. 다수의 미완성 HTTP 헤더를 대상 서버에 전송하게 되면 대상 서버는 해제되지 않은 다수의 연결들로 인해 추가적인 접속요청을 받아들일 수 없게 된다. 비교적 소량의 패킷 전송으로도 공격이 가능하며 Apache 1.x, Apache 2.x, dhttpd, GoAhead WenServer, Squid 등의 웹서버가 공격대상이 된다.
징후 탐지 및 대응방안	징후 탐지	피해 서버의 CPU 과부하 상태를 확인하고 netstat 명령으로 TCP 세션 상태들 확인한다. 피해 서버 로그를 확인해보면 비정상인 URL이 다수의 IP주소로부터 다량으로 존재한다. 상태코드 414(Request-URL Too Long) 로그가 다량 존재하거나, 단시간에 동일한 IP주소로부터 여러 건의 로그가 존재한다. 또는 CC Attack의 경우, 피해 서버의 로그에 'Cache-Control: no-cache, no-store, must-revalidate, max-age=0' 값이 다수 존재하며 패킷을 캡처해 봐도 동일 문구가 있음을 확인할 수 있다. Slowloris Attack의 경우, 패킷을 캡처해 보면 HTTP 헤더의 끝이 /0d0a0d0a로 끝나지 않는다.
	대응방안	서비스별 트래픽 대역폭을 제한하고 사용하지 않는 서비스를 사전에 차단하고, 소스 IP주소가 스푸핑된 경우 라우터에서 차단하고 트래픽 임계치를 설정한 후 초과되는 트래픽은 Drop 처리한다. 존재하지 않는 페이지나 상대적으로 많은 페이지 요청 등은 IPS/IDS에서 비정상 행위로 차단한다. IPS/IDS에서 Slowloris 패턴(HTTP 헤더의 끝이 /0d0a0d0a로 끝나지 않는 패킷)이 탐지되고 일정 시간 동안 다음 패킷으로 완전한 헤더 내용이 전달되지 않는다면 연결을 차단하여 CC 공격 패턴(Cache-Control: no-cache, no-store, must-revalidate, max-age=0)을 차단한다. 또한 대상 서버의 Backlog Queue 크기 확장, 수신 Timeout 값을 작게 설정, mod-antiloris 설치, snort rule 적용 등 Apache 설정 변경 및 모듈을 설치한다.

4) 응용대상 부하 가중 공격

응용대상 부하 가중 공격에 대한 개요 및 징후 탐지/대응 방안은
<표 4>에 정리해놓았다.

〈표 4〉응용대상 부하 가중 공격 개요 및 징후 탐지/대응 방안

구분		내용
공격 기술 개요	SQL Query Attack	유사 검색 서비스를 제공하는 홈페이지에 와일드카드(wildcard)를 이용한 검색 쿼리를 요청하고, DB에서 검색결과가 요청자에게 제공될 때까지 연결이 유지되므로 연결 세션이 고갈되어 정상적인 요청에 응답하지 못하는 문제점이 발생한다.
	IIS 유니코드 취약점 이용 공격	마이크로소프트의 IIS 5.0 웹서버가 가지고 있는 취약점을 이용한 공격이다. 원격 브라우저상에서 다음과 같은 명령을 전송하면 웹서버의 디렉터리를 볼 수 있으며 다음 내용을 다량으로 전송하여 요청하면 서버에 과부하가 발생하여 정상적인 서비스가 불가능해지는 공격기술이다. 웹브라우저의 주소창에 해당 명령을 입력하면 웹서버 C드라이브의 디렉터리 구조와 파일목록을 확인할 수 있으며, 해당 취약점이 존재하면 다양한 명령을 원격지에서 실행시킬 수 있으므로 DDoS 공격에 활용할 경우 웹서버에 과부하를 발생시킬 수 있다.
징후 탐지 및 대응 방안	징후 탐지	정상적인 연결 요청이므로 트래픽 상에서 특이점을 발견하기 쉽지 않으며 공격기법별로 다양한 형태를 취하므로 징후탐지가 어려운 경향이 있다. 다수의 연결을 요청하므로 피해서버는 다수의 established 세션이 발생하며 이때 웹서버와 DB서버의 CPU와 메모리에 과부하가 발생한다.
	대응방안	홈페이지에 검색서비스 구현 시, SQL의 'like' 구문을 사용하는 유사 검색 서비스는 지양한다. 와일드카드 및 특수기호 검색을 차단하기 위해 웹 방화벽에서 사용자 입력 값을 필터링하고, 정보제공이 주기능이며 검색요청이 많은 경우, 자주 요청되는 내용은 검색결과를 파일로 저장하고 인덱싱 (indexing) 방식으로 결과를 제공하며 DB서버를 이중화하여 로드발란싱 (load balancing)을 수행한다.

04
좀비 PC 방지대책

1) 좀비 PC 탐지방안

　DDoS 공격을 시도하기 위해 해커는 우선적으로 좀비 PC를 확보해야 한다. 주로 취약한 웹페이지나 웹하드의 다운로드 등을 통해서 사용자의 PC에 악성코드를 심어놓고, 일정 수 이상의 좀비 PC가 확보되면 DDoS 공격을 시도한다.

　사용자는 의도치 않게 자신의 PC가 DDoS 공격에 악용되지 않도록 좀비 PC 감염 여부를 확인할 필요가 있다. hosts 파일과 네트워크 연결정보를 이용해서 감염 여부를 탐지하고, 좀비 PC로 판별될 경우 전용백신을 다운로드 받아서 치료해야 한다.

(1) hosts 파일

hosts 파일은 DNS 서버를 사용하기 이전에 사용하던 파일로 서버주소와 도메인 이름의 매핑정보가 기록되는 텍스트 파일이다. 클라이언트는 인터넷 연결 시 도메인 명을 입력했을 때 실제 도메인과 매핑되는 IP주소를 DNS 서버를 통해 받아서 인터넷 접속을 한다. 예를 들어 사용자가 네이버(http://www.naver.com)에 접속하려고 할 때 네이버의 실제 IP주소인 'http://222.122.195.6/'라는 정보를 처음에는 DNS 서버에서 받아오고 추후에는 DNS 서버를 참조하지 않고 캐시에 기록된 매핑정보를 기반으로 연결을 하게 된다. 그런데 hosts 파일은 매핑시킬 IP주소와 도메인 정보를 입력하면 수동으로 IP주소와 도메인을 매핑시킬 수 있다.

만약 동일한 도메인에 대한 IP주소가 DNS 캐시와 hosts 파일에 저장된 정보가 다르다면 단말 시스템에서는 DNS 캐시의 정보를 우선순위로 두고 접속을 시도한다. hosts 파일은 C:\Windows\System32\drivers\etc 경로 안에 존재하는데 내용은 다음의 <그림 3>과 같다.

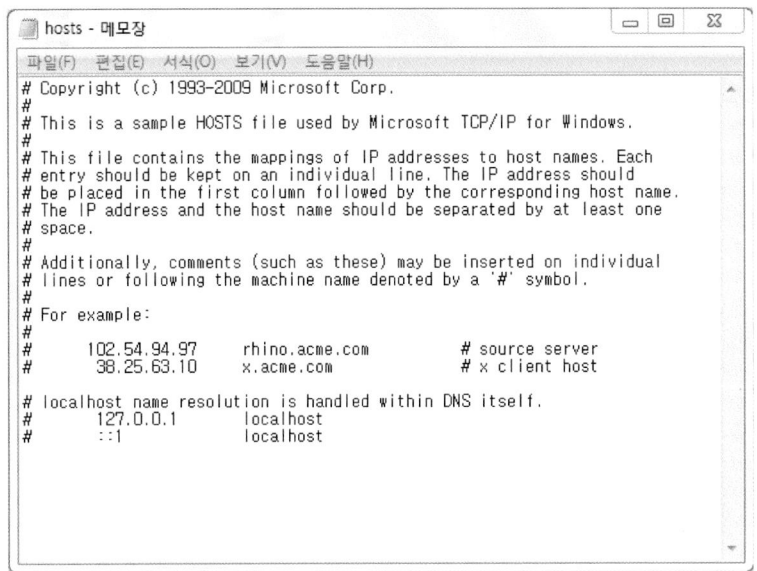

```
📄 hosts - 메모장                                      ⎵  ⬜  ✕
파일(F)  편집(E)  서식(O)  보기(V)  도움말(H)
# Copyright (c) 1993-2009 Microsoft Corp.
#
# This is a sample HOSTS file used by Microsoft TCP/IP for Windows.
#
# This file contains the mappings of IP addresses to host names. Each
# entry should be kept on an individual line. The IP address should
# be placed in the first column followed by the corresponding host name.
# The IP address and the host name should be separated by at least one
# space.
#
# Additionally, comments (such as these) may be inserted on individual
# lines or following the machine name denoted by a '#' symbol.
#
# For example:
#
#      102.54.94.97     rhino.acme.com        # source server
#       38.25.63.10     x.acme.com            # x client host

# localhost name resolution is handled within DNS itself.
#       127.0.0.1       localhost
#       ::1             localhost
```

〈그림 3〉 변경 전 host 파일

hosts 파일은 텍스트 형태의 파일이므로 일반사용자들이 메모장 등의 도구를 이용하여 해당 파일을 열어 쉽게 수정할 수 있다. 이러한 점을 이용해 이 파일을 변조한다면 잠재적 공격위협이 될 수 있다.

호스트 파일이 변조될 시 다음과 같은 위험이 있을 수 있다. 첫째, 사용자가 안철수연구소로 접속하는 상황을 가정할 때, host 파일 내용을 <그림 4>과 같이 변경한다면 안철수연구소 사이트는 접속이 불가능해진다. 최근 3.4 DDoS 공격에서 악성코드가 hosts 파일 변조를 통해서 DDoS 백신 배포 사이트로의 접속을 차단하고, 사용자들이 백신을 다운로드 받지 못하도록 원천봉쇄하였다.

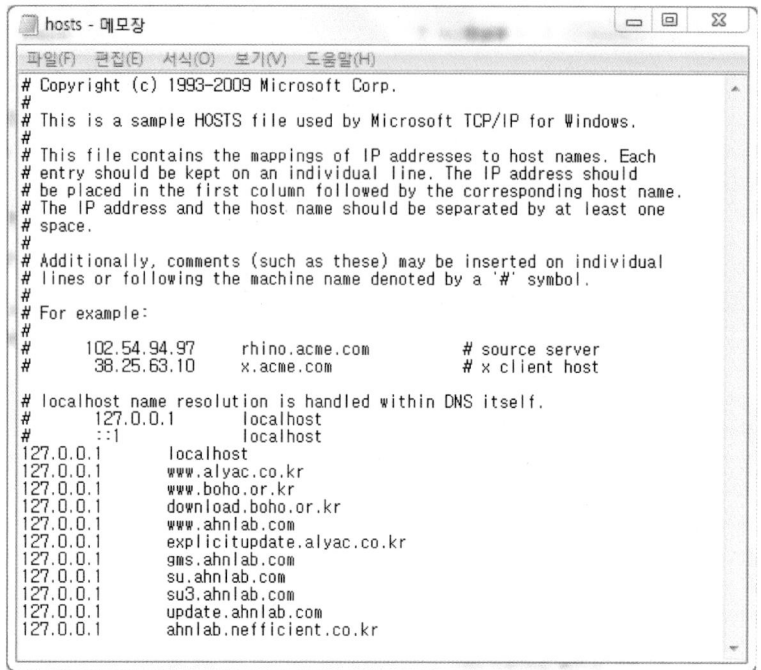

<그림 4> 변경 후 host 파일

hosts 파일은 DNS 서버가 사용되기 이전에 사용되던 파일이기 때문에 요즘은 잘 사용되지 않고 보통의 경우 변경이 될 이유가 없다. 따라서 비정상적으로 호스트 파일이 변경되었다면 사용자의 PC가 좀비 PC로 사용되고 있는 것으로 볼 수 있다.

(2) 네트워크 연결정보(netstat)

윈도우의 네트워크 상태와 네트워크상의 다른 컴퓨터와의 연결 상태, 어떤 포트가 사용되고 있는지 등 네트워크 연결정보는 좀비 PC를 판단하는 데 중요한 정보이다. 이 정보들을 확인하는 명령어가 바로

netstat이다. netstat 명령어 부가 옵션의 상세 내용은 다음 <표 5>에 나와 있다.

<표 5> netstat 명령어의 옵션

구분	내용
-a	현재 다른 PC와 연결되었거나 대기 중인 모든 포트번호를 확인하는 옵션
-r	라우팅 테이블 확인 및 연결되어 있는 포트번호를 확인하는 옵션
-n	다른 PC와 연결되어 있는 포트번호를 IP주소로 화면에 출력해서 확인하는 옵션
-e	랜 카드에서 송수신한 패킷의 용량 및 종류를 확인하는 옵션
-s	IP, ICMP, TCP, UDP 프로토콜별의 상태를 보여주는 옵션
-o	해당 포트를 사용하고 있는 Process ID 표시해주는 옵션

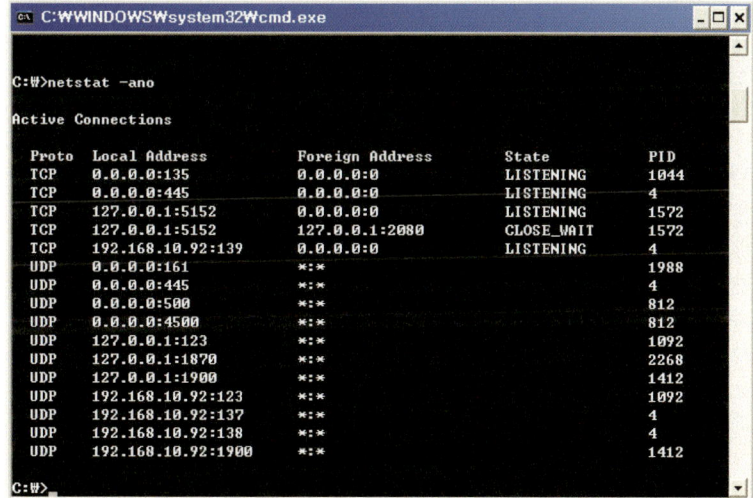

<그림 5> netstat -ano

앞의 <그림 5>에서와 같이 -ano 옵션을 통해 모든 포트번호와 IP주
소, PID 등의 정보를 수집할 수 있다. 각 상태별 상세 내용은 다음의
<표 6>에 자세히 기술되어 있다.

〈표 6〉 netstat의 상태별 세부 내용

STATE	DESCRIPTION
LISTEN	서버 애플리케이션이 적재되어 수동적인 모드로 포트를 개설하고 TCP 연결요청이 수신되기를 기다리고 있는 상태이다.
SYN-SENT	Local system의 Client application이 Remote host에 능동적인 개설을 요청할 시 TCP는 Synchronize 플래그를 설정한 시작 세그먼트를 전송하였으며 Remote System도 역시 Synchronize 플래그를 설정한 시작 세그먼트로 응답할 것을 기다리고 있는 상태이다.
SYN-RECEIVED	서버의 TCP가 원격 클라이언트로부터 Synchronize 플래그를 설정한 시작 세그먼트를 수신하였고 자신의 시작 세그먼트로 응답하였으며, 세그먼트에 대한 확인 메시지를 기다리는 상태이다.
ESTABLISHED	가상회선이 실제 작동되고 있는 상태. TCP의 3단계 핸드셰이킹 과정이 완료되면 두 시스템은 ESTABLISHED 상태로 들어간다.
FIN-WAIT-1	Local application은 가상회선에 능동적인 종결을 요청하였으며 TCP는 Finish 플래그가 설정된 종결 세그먼트를 전송하였는데 TCP는 아직도 원격 시스템이 세그먼트에 대한 확인 메시지와 자신만의 종결 세그먼트로 응답하기를 기다리는데 회선이 완전히 종결될 때까지 원격 시스템으로부터 데이터는 수신하지만, 추가적인 데이터를 전송하지는 않는 상태이다.
CLOSE-WAIT	Finish 플래그가 설정된 종결 세그먼트가 수신되었고, 로컬 TCP는 그 세그먼트에 대한 확인 메시지를 송신 시스템에 했으나 로컬 TCP는 로컬 application에서 작업을 종료하지 않아 자신의 종결 세그먼트를 생성하지 못한 상태이다.
FIN-WAIT-2	로컬 TCP가 Finish 플래그가 설정된 종결 세그먼트를 전송하였으며 원격 시스템으로부터 그 세그먼트에 대한 확인 메시지를 수신한 상태이다. 그러나 원격 application이 아직 작업을 종료하지 않아 원격 TCP가 자신의 종결 세그먼트를 생성하지 못한 상태이다.
LAST-ACK	Finish 플래그가 설정된 종결 세그먼트가 수신되었고, 로컬 application은 회선의 종결에 합의하여 자신도 종결을 요청하였을 때 로컬 TCP는 Finish 플래그가 설정된 자신의 종결 세그먼트를 전송하였으며 회선은 이 세그먼트에 대한 확인 메시지가 수신되면 종결된다.
CLOSING	세그먼트가 네트워크에서 분실되었다는 것을 나타낸다. 이런 경우 로컬 TCP는 FIN-WAIT-1의 설명과 같이 Finish 플래그가 설정된 종결 세그먼트를 전송하고 LAST-ACK 설명에서와 같이 원격 시스템의 종결 세그먼트도 수신하였지만 FIN-WAIT-1 단계에서 전송한 세그먼트에 대한 확인 메시지가 수신되지 않은 상태이다.

TIME-WAIT	새로운 연결이 기존의 연결에서 사용된 일련번호를 다시 사용하는 것을 막는다. 원격 시스템이 종결하는 호스트로부터 더 이상 데이터를 수신할 가능성이 없으므로 이 상태는 능동적인 종결을 요청한 호스트에서만 나타난다.
CLOSED	회선은 종결되었고 TCP는 그 가상회선에 사용되었던 모든 자원을 놓아준다.

netstat 상태에서 3가지 정보에 주목할 필요가 있다. 첫째, LISTENING 상태에 있는 로컬주소의 상태 정보이다. 윈도우 등의 운영체제는 기본적으로 열려 있는 서비스 포트들이 있는데 이러한 기본서비스 포트 이외에 의심스러운 포트가 LISTENING 상태로 되어 있는지 확인해야 한다.

둘째, ESTABLISHED 상태인 연결들이다. PC 상에는 사용자가 직접 웹브라우저 등 사용자가 직접 실행한 프로그램을 통해서 외부망과 연결되는 경우 이외에도 백그라운드 상에서 상당히 많은 연결이 외부망과 연결이 되어 있다. 백신프로그램의 자동업데이트 프로그램이나 트로이목마, 봇 등의 프로그램들이 그 예이다. 외부주소가 중국 등의 해외서버를 가리키고 있다면 사용자의 PC가 악성코드에 감염되어 외부와의 접속을 시도하는 경우일 수 있다.

셋째, 회선의 연결/해제 정보를 나타내는 SYN_SENT와 FIN이 5회 이상 동일 IP와의 연결에서 발생하는지 유무이다.

위와 같이 netstat 상태 정보를 통해서 좀비 PC 감염 여부를 확인할 수 있다.

2) 좀비 PC 예방대책

해커는 보안이 취약한 웹서버를 해킹하여 악성코드를 삽입한 후 해당 홈페이지 방문자의 PC를 감염시켜 좀비 PC를 양산한다. 따라서 자신의 PC가 DDoS 공격에 악용되지 않도록 사용자의 주의가 필요하다.

다음은 안랩의 '좀비 PC 방지 10계명'에서 발췌한 내용이다. 다음 주의사항을 통해 좀비 PC 감염을 사전에 예방할 수 있다.

① 윈도우 운영체제, 인터넷 익스플로러, 오피스 제품의 최신보안 패치를 모두 적용한다. 보호나라(www.boho.or.kr)에서 윈도우 최신보안패치를 받을 수 있다.

② 백신, 방화벽 등 보안프로그램을 설치한다. 설치 후 항상 최신 버전의 엔진으로 유지되도록 자동업데이트 기능을 설정하고 시스템 감시기능도 항상 작동하도록 설정한다.

③ 보안에 취약한 웹사이트 접속에 의한 악성코드 감염을 방지하기 위해 웹브라우저 보안프로그램을 설치하는 것이 좋다. 안랩의 '사이트가드(www.SiteGuard.co.kr)'에서 웹브라우저 보안프로그램을 받을 수 있다.

④ 이메일 확인 시 발신인이 모르는 사람이거나 불분명한 경우 유의한다. 특히 부주의하게 첨부파일을 실행하거나 링크주소를 클릭하지 않는다.

⑤ 페이스북, 트위터 등 SNS(소셜 네트워크 서비스)를 이용할 때 잘 모르는 단축 URL을 함부로 클릭하지 않는다.

⑥ SNS나 온라인 게임, 이메일의 비밀번호를 영문·숫자·특수문자 조합으로 8자리 이상으로 설정하고 최소 3개월 주기로 변경한다. 또한 로그인 ID와 비밀번호를 동일하게 설정하지 않는다.

⑦ 신뢰할 수 있는 웹사이트에서 제공하는 ActiveX 프로그램 설치한다. 기관의 서명이 있는 경우에만 '예'를 클릭하고, 알 수 없

는 프로그램일 경우 '예', '아니오' 중 어느 것도 선택하지 말고 창을 닫는다.

⑧ 메신저로 URL이나 파일이 첨부되어 올 경우 함부로 클릭하거나 실행하지 않는다. 메시지를 보낸 이가 직접 보낸 것이 맞는지를 먼저 확인해본다.

⑨ P2P 프로그램에서 파일을 다운로드한 경우, 반드시 보안제품으로 검사한 후 사용한다.

⑩ 정품 소프트웨어를 사용한다. 인터넷에서 불법 소프트웨어를 다운로드하는 경우, 악성코드가 함께 설치될 가능성이 크기 때문이다.

```
┌─────────────────────────────────┐
│                                 │
│                          05     │
│                          결론    │
│                                 │
└─────────────────────────────────┘
```

새로운 공격기술이 나날이 발전하고 있고, 이러한 공격기법들을 분석하는 것은 한계가 있다. 이미 공개된 공격중심의 방어체계로는 새로운 유형의 공격에 효과적으로 대응할 수 없다.

해커는 DDoS 공격을 감행하기 위해 사전에 봇넷과 C&C를 구성한다. 현재 공격에 대응하는 관점에서는 공격 IP를 기반으로 좀비 PC 소재를 파악하여 악성코드를 추출한 후 C&C를 차단하는 것이 필수적이다. 그러나 최근 SNS의 활성화 및 가상화 기술의 발전으로 봇넷 구축이 더욱 용이해져 C&C 차단의 효과가 감소될 것이며 공격자가 클라우드를 필두로 하는 가상화 기술을 이용하여 여러 대의 C&C 서버를 구축해 봇넷을 관리하면 공격대응속도는 현저히 떨어지게 된다.

또한 인터넷의 속도가 빨라짐에 따라 적은 수의 좀비 PC로 10G 이상의 대용량 트래픽을 쉽게 만들 수 있게 되었다. 수많은 좀비 PC를 동원하는 일반적인 DDoS 공격과 달리, 소수의 PC에서 특수하게 조작된 소량의 패킷을 공격대상으로 전송하여 서비스 장애를 유발시킬 수 있게 된 것이다.

그러므로 앞으로의 DDoS 공격 방어체계는 알려지지 않는 공격에 대응할 수 있는 방어중심의 대응체계를 갖추어야 한다. DDoS 공격을 감행하는 공격자는 결국 방어자의 네트워크 대역폭이나 시스템 자원 등 홈페이지를 운영하는 데 필요한 제한된 자원을 소모시킴으로써 서비스 거부를 유도한다. 성공적인 DDoS 방어를 위해서 방어자는 자신이 보유하고 있는 자원을 명확히 파악한 후 각 자원의 가용성 확보를 위한 방어자 중심의 다단계 방어정책을 수립하여야 한다.

또한 대외적으로 인터넷 이용자는 자신의 PC가 좀비 PC로 악용되는 것을 방지하기 위해 보안업데이트를 생활화하고 백신프로그램을 설치하여 주기적으로 검사하는 등의 노력이 필요하다. ISP는 발신지가 변조된 트래픽이 자사 네트워크로 유입될 때 말단구간의 네트워크장비에서 이를 필터링함으로써 DDoS 공격을 사전에 봉쇄하는 노력이 필요하다.

한국인터넷진흥원은 중소·영세기업의 DDoS 공격피해를 최소화하기 위한 DDoS 사이버대피소 서비스의 필요성을 인식하고, 2010년 9월 28일부터 민간 중소·영세업체를 대상으로 DDoS 사이버대피소 서비스를 개시하였다.

DDoS 사이버대피소는 DNS(Domain Name Sever) 우회 변경을 수행하여 보호대상 웹서버의 물리적인 이동 없이 DDoS 공격방어를 수행한다. 일반적으로 사용자의 홈페이지 접속은 다음과 같이 이루어진다. 통상 사용자가 웹브라우저에 접속하고자 하는 홈페이지 도메인 정보를 입력하면 DNS로 해당 도메인의 IP를 질의(DNS query)하게 되며 DNS는 도메인의 IP정보를 확인하여 사용자에게 전달하게 되고 사용자는 홈페이지에 접속하는 과정을 거친다.

DDoS 사이버대피소는 방어대상 홈페이지의 도메인정보 질의값(origin IP)을 사이버대피소 IP로 변경함으로써 본래 홈페이지의 웹서버로 향하는 모든 트래픽이 사이버대피소를 통과하도록 한다. 사이버대피소는 공격트래픽은 차단하고 정상 접속요청만을 웹서버로 전달한다. 결국 홈페이지에 접속하는 모든 사용자는 사이버대피소의 IP로 콘텐츠를 요청하게 되는 것이며 사이버대피소가 프락시(proxy) 역할을 수행하므로 물리적인 시스템 이동 없이 DDoS 공격을 방어할 수 있다.

DDoS 공격방어를 통해 확보한 좀비 PC IP와 C&C에 대한 치료 및 차단 등 후속조치를 함께 시행함으로써 악성코드 감염 재발방지 효과도 거두었다. 특히 3.4 DDoS 침해사고에 사용된 총 11만 6,000여 대의 좀비 PC 중 7만 1,000여 대(약 61%)를 DDoS 사이버대피소를 통해 탐지하였고 2011년에만 9만 8,000여 대에 이르는 좀비 PC를 탐지하는 성과를 거두었다. 차단기술로 IP주소, Port, 콘텐츠를 기반으로 차단할 수 있다.

참고문헌

교육과학기술부(2010), "DDoS 공격 대응 실무 매뉴얼", 2010.6.

방송통신위원회(2011), "국가정보보호백서", 2011.5.

안철수연구소(2011), "DDoS 공격 동향과 전망(월간 安)", 2011.1, pp.14~15.

안철수연구소(2011), "3.4 DDoS 분석보고서", 2011.3.

양대일(2009), "정보보안개론", 한빛미디어, 2009.1.

이스트소프트알약보안대응팀(2011), "3.3 DDoS 악성코드에 대한 분석 보고서", 2011.3.

정부통합전산센터(2010), "DDoS 공격유형 및 보안장비별 대응방법", 2010.7.

A3Security(2009), "7.7 DDoS 분석", 2009.7.

KISA(2007), "인터넷 침해사고 동향 및 분석", 2007.6.

IV

아이핀 서비스 현황과 활성화 전략

요약

　최근 빈번히 발생하고 있는 개인정보유출 사고로 인해 우리나라는 인터넷 서비스 가입 시 주민등록번호를 대신하는 아이핀(I-PIN)이라는 개인식별체계를 도입하였다. 개인정보 보호법에 따라 2012년 8월부터는 주민등록번호 수집이 법적으로 금지되고 아이핀의 사용이 의무화되었다. 그러나 실제 아이핀 이용현황은 공공기관에서 주로 이용되고 있으며, 주요 인터넷 사이트에서는 총 회원의 극소수(0.13% 이하)만이 아이핀을 사용하고 있는 실정이다.

　이 보고서는 아이핀이 도입되었으나 제대로 활용되지 못하고 있는 현황을 분석하고 이에 따른 해결방안을 제시하고자 한다. 본고가 아이핀 서비스 활성화 및 개인정보유출로부터 안전한 인터넷 환경조성에 기여할 것으로 기대한다.

현재 대다수의 인터넷 사용자들은 회원가입 수단 및 실명인증 방법으로 주민등록번호를 사용하고 있다. 주민등록번호는 생년월일, 성별, 출생지 정보를 모두 포함하고 있는 개인식별수단으로 처음 인터넷 서비스에 도입된 시점부터 사용자 인증수단으로 사용되었다. 이에 그 편리함과 익숙함으로 대다수의 인터넷 사용자들은 회원가입 수단으로 주민등록번호를 사용하고 있는 실정이다. 그러나 주민등록번호는 식별 가능한 개인정보이기 때문에 침해위험이 크고, 해킹으로 인한 개인정보유출 및 사이버 범죄로부터 안전하지 못하다는 단점을 가지고 있다.

이에 대한 대안으로 아이핀이 등장하였다. 아이핀은 언제든지 변경이 가능한 새로운 개인식별체계로 주민등록번호를 대신하여 개인의 신원을 확인할 수 있는 수단으로 유일하게 우리나라만이 가지고 있는 제도이다. 그러나 실제 이용현황을 살펴보면 사용률이 그리 높지 않을 것을 알 수 있다. 대부분 공공기관에서 이용되고 있으며, 주요 인터넷 사이트에서 극소수(0.13% 이하)의 사용자만이 아이핀을 사용하고 있는 실정이다.

많은 사용자들이 아이핀을 사용하지 않는 이유는 법제도의 근거미약과 실효성이 낮은 점 때문이다. 이러한 문제점들을 극복하기 위해 다양한 노력들이 이루어지고 있다. 아이핀 2.0의 시행을 통해 공공기관에서의 아이핀 사용을 의무화해왔으며, 개정된 개인정보 보호법에 따라 2012년 8월부터 불가피한 경우가 아니면 공공기관이나 민간기업에서 주민등록번호의 수집과 이용을 금지하였다. 그러나 정부 및 공공기관에서 이러한 노력을 기울이고 있음에도 불구하고 여전히 아이핀의 발급 및 사용비율이 미미하므로, 다각적인 시각으로 그 문제점을 진단하고 부족한 부분을 메워줄 필요성이 있다.

본고는 아이핀이 현행 법 제도하에서 어떻게 사용되고 있는지를 살펴본 후, 향후 아이핀 제도를 활성화시킬 수 있는 전략에 대해 다양한 방향으로 제안하겠다.

02
아이핀의 정의

　　　　　　　　　　　아이핀은 인터넷상에서 주민번호
가 각종 범죄에 악용되는 것을 막기 위해 만들어진 서비스로, 웹사이
트에서 주민등록번호를 대신하여 아이디와 패스워드를 이용해 본인을
확인하는 수단이다. 일단 사용하게 되면 일반 웹사이트에 본인의 주민
등록번호를 제공하지 않아도 되기 때문에 개인정보유출의 위험을 크
게 줄일 수 있다. 또한 아이핀은 주민등록번호를 기반으로 하기 때문
에 실명확인과 신원확인의 측면에서 보다 강화된 본인확인방법이다.
　아이핀은 정보통신부(2008년 폐지)와 한국정보보호진흥원(2009년
한국인터넷진흥원으로 통합)에서 2005년 7월에 최초로 가이드라인을
제정하였으며, 2006년 처음 시행되었다. 그러나 이용에 여러 번거로

움이 있어 이용률이 매우 낮게 집계되고 있다. 따라서 정부는 2009년 4월 31일, 2015년까지 주민등록번호를 인터넷 웹사이트상에서 전면적으로 사용하지 않기 위한 방안으로 '인터넷상 주민등록번호 대체수단(아이핀) 이용활성화 기본계획'을 발표하였고, 그 후 기존의 아이핀의 단점들을 보완, 해결한 아이핀 2.0을 새롭게 선보였다.

본래 아이핀 2.0은 공공기관에서 사용하기 위해 만들어졌으나, 공공 아이핀을 통해서 얼마든지 일반 웹사이트의 가입이 가능하며 반대로 민간 5개 기관의 아이핀을 통해 공공기관에도 가입이 가능하므로 실질적으로는 일반 아이핀과 동일한 형태의 서비스를 제공할 수 있게 된 것이다.

이렇듯 개인정보유출 외의 다양한 문제들을 해결하고 본인식별 수단으로서 표준이 되는 장치를 마련하고자 아이핀 제도를 시행하였으나, 민간이나 일반 인터넷 사용자들의 아이핀 이용이 매우 저조하여 정부에서는 아이핀 활성화를 위해 2011년 5월 정보통신망법 제23조의 2 및 동법 시행령 제9조의 2에 따라 주민등록번호 외 회원가입 수단을 의무적으로 도입해야 하는 웹사이트들을 공시하였다. 선정대상은 2010년 10월부터 12월까지의 일일평균 이용자 수를 조사하여, 일일평균 이용자 수가 포털사이트 기준 5만 명 이상이거나 게임 전자상거래 기타 1만 명 이상인 정보통신서비스제공자의 웹사이트 1,042개이다.

아이핀의 서비스 현황

실제로 아이핀에 대해서 들어본
사람들의 12.4%만 발급받아서 사용해본 적이 있는 것으로 나타난다.
대부분의 아이핀 사용자는 실제로 아이핀을 도입한 웹사이트들에 대
해서 주민등록번호를 받는 사이트보다 더 높은 신뢰 수준을 가지고
있다. 그러나 아이핀 발급을 위한 절차가 간편하지 않다는 점, 발급받
은 아이핀의 관리나 이용이 편리하지 않은 점에 대해서는 대다수의
아이핀 사용자들이 공감하고 있다. 따라서 민간에서는 아이핀의 실
사용률이 그리 높지 않으며, 아이핀 도입현황 중 높은 수준의 활용을
나타내는 곳은 대부분이 공공기관으로 정보보호기술훈련장(51.4%),
엔씨소프트(12.4%), 고성군청(10%), 한국인터넷진흥원(9.8%) 순으로 나

타나고 있다. 민간 웹사이트의 대부분은 총회원의 소수만이 아이핀을
사용하고 있는 것으로 나타났다.

1) 아이핀 발급기관

아이핀을 발급해주는 기관을 본인확인기관이라 하고, 현재 3개의
본인확인기관과 공공 아이핀센터에서 아이핀을 발급받을 수 있다. 공
공 아이핀센터나 본인확인기관 홈페이지에서 무료로 아이핀 발급신
청을 할 수 있다.

〈표 1〉 아이핀 발급기관(본인확인기관)

기관명	서울신용 평가정보	나이스 신용평가정보	코리아 크레딧뷰로	공공 아이핀센터
연락처	1577-1006	1588-2486	02)708-1000	02)818-3050
링크주소	siren24.com	idcheck.co.kr	ok-name.co.kr	gpin.go.kr

출처: 한국인터넷진흥원(2012).

2) 공공 아이핀

공공 아이핀은 행정기관이나 공공기관의 웹사이트에서 본인확인
을 위해 만들어졌다. 인터넷 이용자는 아이핀과 공공 아이핀을 모두
발급받을 필요 없이, 하나만 발급받으면 어디서든 사용할 수 있다.

3) 신원확인방법

신원확인방법으로는 휴대폰, 공인인증서, 신용카드 인증 및 대면

확인이 있다. 휴대폰 인증은 본인명의 휴대폰만 사용 가능하며 휴대폰 번호를 입력하여 문자메시지로 받은 인증번호를 입력하면 신원확인이 가능하다. 공인인증서는 범용공인인증서만 신원확인방법으로 활용될 수 있다. 신용카드 인증은 본인명의의 신용카드만 가능하며 카드번호와 유효기간 비밀번호 앞자리 두 개를 입력하면 신원이 확인된다. 마지막으로 대면 확인인증이란 본인이 직접 본인확인기관을 방문하여 신분증을 제시하면 본인확인기관의 직원이 신분증과 대조하여 신원을 확인할 수 있다.

위와 같이 아이핀의 사용현황이 실질적으로 굉장히 낮은 수준에 머무르고 있는 데에는 여러 가지 이유가 있는 것을 알 수 있다. 기본적으로는 정부의 대국민 홍보수준이 낮고, 국민들이 이미 다양한 형태의 개인정보유출을 겪으며 주민등록번호를 계속해서 사용하는 것에 크게 거부감을 느끼지 않는 등 국민들의 아이핀 및 개인정보보호에 대한 인식 또한 낮다. 이를 기본으로 하여 몇 가지 문제점을 짚어보았다.

1) 법적·제도적 근거의 미비

2012년 8월부터 본인확인기관(및 법령, 방송통신위원회 고시에 따라 수집이 가능한 사이트)을 제외한 영리 웹사이트에서는 주민등록번호의 수집과 이용이 금지되었다. 대신 주민등록번호를 대체할 수단(이하 '대체수단')을 제공하여야 한다. 그러나 이 '대체수단'을 법에서 명시하고 있지 않아 아이핀은 여러 본인인증방법 중 하나의 선택사항에 불과한 실정이다.

정보통신망법 제23조의 1에는 정보통신서비스 제공자로서 제공하는 정보통신서비스의 유형별 일일평균 이용자 수가 대통령령으로 정하는 기준에 해당하는 자에게만 대체수단을 요구하고 있기 때문에 대통령령의 기준에 해당하지 않는 서비스제공자에게는 아이핀의 사용을 강요하지 않고 있다.

〈표 2〉 정보통신망 이용촉진 및 정보보호 등에 관한 법률

제23조의 1(주민등록번호 외의 회원가입 방법)
① 정보통신서비스 제공자로서 제공하는 정보통신서비스의 유형별 일일평균 이용자 수가 대통령령으로 정하는 기준에 해당하는 자가 이용자가 정보통신망을 통하여 회원으로 가입할 경우에 주민등록번호를 사용하지 아니하고도 회원으로 가입할 수 있는 방법(이하 '대체수단'이라 한다)을 제공하여야 한다. <개정 2011.4.5>
② 제1항에 해당하는 정보통신서비스 제공자는 주민등록번호를 사용하는 회원가입 방법을 따로 제공하여 이용자가 회원가입 방법을 선택하게 할 수 있다. [본조신설 2008.6.13]

또한 이용자의 주민등록번호를 수집하는 4개의 본인확인기관에서는 개인정보를 한곳에 가지고 있기 때문에 해킹 등의 위협에서 안전할 수 없다. 과거에 일어났던 옥션이나 네이트 등 대형 포털사이트의 개인정보유출 사례보다 훨씬 더 심각한 위험이 초래될 가능성이 높

다. 따라서 이러한 문제점에 대응하여 개인정보를 안전하게 관리하고 아이핀 서비스를 안정적으로 제공하기 위한 법적·제도적 근거가 필요하다.

2) 낮은 실효성과 사용성

실제적으로 아이핀을 사용하게 되면 인증단계가 번거로워지는 문제점들을 들 수 있다. 예를 들어 쇼핑몰 사이트에서 회원가입 시에 주민등록번호가 아닌 아이핀으로 본인인증을 하더라도, 정작 결제단계에서는 금융기관을 통해 주민등록번호를 다시 수집하게 된다.

또한 이용자들은 아이핀을 별도로 발급받아야 하는데 아이핀을 발급받는 절차가 복잡한 것이 가장 큰 문제점으로 손꼽히며, 아이핀 사용 시에도 아이핀의 발급기관을 기억해야 한다는 점에서 사용성 또한 현저히 낮아지게 된다.

추가적으로 아이핀의 발급과정에 있어 해킹방지 등을 위해 Active-X를 통해 별도로 키보드 보안모듈을 설치하는 과정이 있다. 그러나 이 보안모듈은 윈도우 Active-X 환경에서만 작동하기 때문에 Mac OS 등 타 OS를 사용하는 이용자들에게는 사용이 어려운 점도 문제점 중에 하나로 지적할 수 있다.

3) 민간 사업자의 부담 가중

사용자 입장에서도 아이핀의 사용이 번거로운 점이 있지만, 서비스 제공자의 입장에서도 아이핀 서비스를 제공하는 데 다양한 어려움이 있다.

　민간 사업자의 경우에는 아이핀 서비스를 제공하기 위해서 홈페이지 개편 등 기술적으로 서비스를 개선해야 하는 어려움이 있다. 또한 기존에 주민번호를 통하여 본인인증을 할 때에는 별도의 비용이 필요 없었으나, 아이핀을 서비스를 제공하게 되면 본인확인기관에 별도의 수수료를 지불해야 하는 등 아이핀 사용에 따라 추가적인 부담이 늘어나게 된다.

05
아이핀의 활성화 전략

1) 아이핀의 활성화 현황

정부의 아이핀 이용현황 실태보고서에 따르면, 아이핀 활성화 전략으로 '아이핀을 이용할 수 있는 적용 사이트의 확대, 아이핀 발급 및 이용절차를 편리하게 개선, 아이핀에 대한 인식 제고를 위한 홍보 강화'를 들고 있다.

본고는 특히 '예산 부족으로 인한 아이핀의 홍보 부족'이라는 항목에 초점을 맞추어, 실제로 한국인터넷진흥원과 방송통신위원회에서 아이핀의 사용을 장려하기 위한 노력을 얼마만큼 했는지를 조사하여 보았다.

102 스마트 시대 정보보호 전략과 법 제도 Ⅲ

2010년 방송통신위원회와 한국진흥원의 캠페인의 일환으로서 주민등록번호를 안전하게 보호하고 아이핀 이용기회를 확대하기 위한 아이핀 전환 캠페인을 4월 15일부터 5월 14일까지 1개월간 실시하였다. 트위터, 미투데이 등을 통한 아이핀 알리기 이벤트를 실시하였고 서울, 부산 등 주요 대도시에서의 현장발급 거리홍보도 실시하였다. 2009년 사업비 30억 원으로 중앙부처, 지자체, 공사/공단, 교육청/학교 등 모든 행정기관에 아이핀 보급을 완료하였다. 학생의 공공 아이핀 가입절차와 재외국민의 공공 아이핀 가입절차를 간소화하여 기존의 아이핀 단점을 보완해 나갔다.

한국인터넷진흥원에서는 2005년에 아이핀을 개발하여 현재 아이핀 2.0을 보급하고 있다. 그러나 일반사용자의 아이핀에 대한 인식이 부족한 것이 사실이며, 이러한 아이핀을 홍보하는 방송통신위원회와 한국인터넷진흥원의 노력을 알아보고 활성화 전략을 분석하여 앞으로의 아이핀 활성화 전략에 귀감이 되고자 한다.

2009년 방송통신위원회와 한국인터넷진흥원은 아이핀을 홍보하기 위해서 아이핀 한글이름 공모전을 시행했고 그 결과 '온누리호패'로 결정되었다. 이 공모전에는 약 13만 명의 누리꾼들이 캠페인 홈페이지에 방문해 3,000여 개의 이름을 공모하였다. 방송통신위원회는 이 공모전을 통하여 아이핀에 대한 누리꾼들의 관심을 도모하였다.

2010년 방송통신위원회와 한국인터넷진흥원은 11월 한 달간 대형 게임 사이트에서 아이핀 발급 및 전환 이벤트를 실시했다. 이 이벤트는 민간 본인확인기관인 서울신용평가정보가 주관하고 넥슨과 넷마블, 엠게임, 피망, 한게임, 한빛소프트 등 총 6개 게임사가 참여했다. 이벤트 기간 중 아이핀을 발급받아 6개 게임 사이트에 가입하거나,

기존회원이 주민번호를 아이핀으로 전환한 경우 추첨을 통해 경품을 제공하였다.

2011년에는 방송통신위원회와 한국인터넷진흥원이 이용자 스스로 개인정보를 보호할 수 있는 역량을 강화하기 위해 9월 한 달 동안 '2011 자기정보보호 캠페인'을 실시, 4만 3,000개 ID가 주민등록번호 대신 아이핀으로 전환되었다. 이 캠페인에는 통신, 포털, 언론, 쇼핑몰, 금융, 의료 등 인터넷 비즈니스의 대표 134개 기업들이 캠페인에 공동으로 참여하였으며 JYJ가 모델로 참석하여 일반인들의 관심을 높였다.

2012년 3월 개인정보법이 시행되면서 공공기관에서 아이핀 사용이 활성화되도록 하였는데 그 예로 인천 부평구, 서귀포시, 포천시 등은 전자민원창구 이용 시 '아이핀'을 이용하여 접속할 수 있도록 시스템을 개선하였다.

〈표 3〉 아이핀 활성화 실태

2009년	아이핀 한글이름 공모전 시행
2010년	게임 사이트를 이용한 아이핀 홍보
2011년	'2011 자기정보보호 캠페인' 실시
2012년	전자민원 창구 이용 시 아이핀 사용

출처: 한국인터넷진흥원 참조.

위와 같이 정부는 여러 해에 걸쳐 아이핀을 활성화하려는 노력을 하고 있음을 알 수 있다. 그렇지만 아이핀 사용 실태를 보면 정부가 기울이는 노력에 비해 효과가 높지 않음을 알 수 있다. 정부는 위와 같은 문제들을 정확히 인식하는 것이 필요하다. 특히 대다수의 문제들은 아이핀 서비스에 대한 재정적 지원 부족으로부터 발생하고 있으므로, 아이핀 사용자들을 지원하기 위한 재정확보 및 법률적 지원 등이 선행되어야 한다.

2) 아이핀의 활성화 전략

① 민간 사업자들에게 보조금 지급

기존의 웹서비스를 운영하던 운영자들은 추가적인 비용부담 없이 주민번호를 통해서 사용자들의 신원을 파악하고 웹서비스 가입을 지원하였다. 그러나 아이핀 서비스를 도입하면, 본인확인기관에 수수료를 지급해야 되어 민간 사업자들의 부담이 가중될 수밖에 없다. 이에 대해 정부차원의 보조금을 지원해주거나 혹은 직접 본인확인기관들을 지원해준다면 이러한 비용문제는 어느 정도 해결이 가능할 것이고, 더 많은 민간 사업자들의 아이핀을 도입할 것이다.

② 범정부차원의 홍보 및 지속적인 아이핀 노출

앞서 지적했던 아이핀이나 아이핀 관련 사업 등에 대한 적절하고 효과적인 홍보가 필요하다. 만약 아이핀을 쓰는 것이 민간 사업자들에게도 도움이 된다면 홍보를 민간에 맡겨 두어도 해결될 수도 있다. 그러나 현 상황을 객관적으로 살펴보면 민간 사업자 입장에서도 아이핀을 마지못해 사용하고 있는 실정이므로 홍보가 부족한 것이 당연하다.

따라서 인터넷을 사용하고 있는 일반 네티즌들의 참여를 쉽게 유도할 수 있도록 범정부차원의 홍보가 필요할 것이다. 한국인터넷진흥원과 정부 관련 기관이 다양한 이벤트를 통해 자연스럽게 사용자들의 아이핀 가입을 유도하는 방법도 있고, 사용자들의 인식개선을 위해 방송이나 다양한 매체들을 이용해 지속적으로 아이핀을 노출시키는 방법도 있다.

③ 개인정보보호에 대한 교육 및 인식제고

이슈화되고 있는 개인정보보호와 연관 지어서 개인정보보호를 위한 교육을 통해 개인정보보호에 대한 사용자들의 인식을 제고하는 노력도 필요하다. 무엇보다 이러한 지속적인 교육과 노력을 통해, 실질적으로 아이핀 사용자들과 나아가 아이핀 서비스 제공자(민간 사업자)의 유효수요가 더 늘어날 것임을 인지해야 한다.

아이핀에 대한 전반적인 내용을 살펴보고 아이핀의 이용 실태 및 활성화 전략을 살펴본 결과, 자유로운 아이핀 사용을 위해서 정부가 나서서 자발적인 아이핀 참여환경을 조성하는 것이 무엇보다 중요하다는 결론을 얻을 수 있었다. 그리고 이러한 정부의 노력과 더불어, 민간 사업자, 아이핀을 연구하는 기술자 및 연구자, 한국인터넷진흥원 등 다양한 관련기관들의 공조 및 협력이 이루어진다면, 아이핀 서비스 보급이 성공적으로 이루어질 것이라 생각한다.

추가적으로 아이핀은 단순히 국내에서만 활용할 수 있는 서비스가 아니므로, 국내외 다양한 유관기관의 협력을 통해 기술개발 및 홍보가 적절히 이루어진다면 더 많은 웹 플랫폼에서 아이핀 서비스의 활용이 가능해질 것이다.

최근 일어나는 개인정보유출과 관련한 대형사고들을 볼 때 주민등록번호로 신원을 확인하는 것은 2차 또는 3차의 피해들을 막기 위하여 지양해야 한다. 그러기 위해서는 대체수단이 필요한데 아이핀이 대체수단으로서 역할을 제대로 하지 못하고 있다.

위에서 언급한 아이핀의 문제점이 개선되어 사용자들에게 편리성을 제공해야 하며, '정보통신망법 제23조의 1'에 아이핀을 주민등록번호를 대체할 수단이 되도록 법을 개정할 필요가 있으며 대국민에 대한 아이핀의 적극적인 홍보가 필요하다.

아이핀이 지금보다 더 활성화되어 주민등록번호를 100% 대체할 수 있는 수단으로 자리매김한다면 개인정보유출 사고를 예방할 것으로 예상한다.

참고문헌

경제투데이(2009), "아이핀(i-PIN) 한글이름 '온누리호패'", 2009.7.16,
    http://www.eto.co.kr/news/outview.asp?Code=20090716164525270&ts=135005.
오상진(2008), "개인정보보호 현황 및 대응방안", 방송통신위원회.
이병일(2007), "아이핀 이용현황 실태조사 보고서", 한국정보보호진흥원.
이형효(2010), "개인정보보호를 위한 주민등록번호 대체 수단 및 관리체계", 한국정보기술학회지, 제8권 6호.
장인용 외 1인(2009), "인터넷상의 본인확인수단인 아이핀의 활성화 방안 연구", 한국정보보호학회.
정보통신망 이용촉진 및 정보보호 등에 관한 법률 시행령.
천지일보(2010), "방송통신위원회, 아이핀 발급·전환이벤트 실시", 2010.11.17,

http://www.newscj.com/news/articleView.html?idxno=59963.

최광희 외 3명(2011), "국가 IDM을 위한 아이핀 발전전략", 한국정보보호학회.

최광희 외 3명(2010), "인터넷상 주민번호 이용을 대체하기 위한 아이핀 2.0 서비
  스 프레임워크", 정보보호학회 논문지, 한국정보보호학회 제20권 제6호.

한국정보보호진흥원, "2008년 실태조사 개인편(최종)."

DATAnet, "4만 3,000개 ID, 아이핀 전환", 2011.10.20, http://www.datanet.co.kr-
  /news/articleView.html?idxno=57457.

V
클라우드 컴퓨팅의 정보보호관리체계 개선방안과 연구동향

요약

정보통신산업진흥원과 가트너 등 IT 전문기관은 공통적으로 클라우드 컴퓨팅을 차세대 핵심산업으로 꼽고 있다. 특히 클라우드 환경에서는 정보 보유량이 증가함에 따라 개인정보 및 정보보호가 중요한 고려요소로 주목받고 있다. 이에 따라 현재 클라우드 컴퓨팅 환경에서 정보보호를 위하여 클라우드 환경에 적합한 표준을 도출하기 위한 연구가 진행되고 있다. 대표적으로 국제표준인 ISO/IEC 27002를 클라우드 컴퓨팅 환경에 맞게 ISO/IEC 27017로 발전시키고 있고, 국내의 ISMS, PIMS에 대해서도 비슷한 연구가 진행되고 있다. 또한 한국 클라우드서비스협회에서는 클라우드서비스 인증제도에 정보보호 관련 항목을 포함시키고 있다.

이 연구에서는 클라우드 컴퓨팅 환경에 적합한 위협관리 영역을 살펴보기로 한다. 이 영역은 크게 관리, 기술, 물리, 서비스 관점의 보안관리로 나누어진다. 이러한 위협영역에서 정보보호를 위한 통제영역을 도출해보고 ISMS, PIMS의 통제 내용과 연구동향, 클라우드서비스 인증제도의 정보보호 점검항목을 살펴보도록 한다.

향후 이번 연구를 바탕으로 ISMS, PIMS를 심사하는 KISA와 클라우드서비스협회가 협의하여 최적의 통제항목을 도출하기를 바란다.

01
서론

        최근 IT 분야의 핵심 트렌드 중 하나로 클라우드 컴퓨팅이 주목받고 있고, 많은 기업과 개인들이 관심을 갖고 있다. 정보통신산업진흥원이 IT 산업 전망 컨퍼런스에서 2012년 IT 산업 10대 이슈 중 클라우드 컴퓨팅이 1위를 차지하였고, 이 외에도 한국정보화진흥원, 가트너에서도 클라우드 컴퓨팅을 공통적인 이슈로 꼽고 있어 올해에도 IT 관련 핵심적인 이슈가 될 것으로 예상된다. 특히 가트너는 글로벌 클라우드 컴퓨팅 시장이 2010년 680억 달러에서 2014년에는 1,490억 달러 규모까지 성장할 것으로 예상하고 있다.

정보통신산업진흥원 2012IT 산업 10대 이슈	한국정보화진흥원 2012년 IT분야 핵심 트렌드	가트너 주목해야 할 10대 전략기술
·1위 클라우드 컴퓨팅	·1위 정보보호 및 보안	·미디어 태블릿
·2위 4G	·2위 클라우드 서비스	·모바일중심 애플리케이션과 인터페이스
·3위 정보보호	·3위 소셜네트워크서비스	·문맥인지 컴퓨팅
·4위 차세대 TV	·4위 모바일 애플리게이션	·사물기반 인터넷
·5위 IT 융합	·5위 위치기반서비스	·앱스토어와 마켓플레이스
·6위 차세대 부품	·6위 스마트워크	·차세대 분석기술
·7위 신청부 IT 정책방향	·7위 소셜비즈니스	·빅데이터
·8위 윈도 8	·8위 스마트 디바이스	·인-메모리 컴퓨팅
·9위 스마트 기기	·9위 오픈 플랫폼	·초절전서버
·10위 빅 데이터	·10위 빅데이터	·클라우드 컴퓨팅

출처: KT경제경영연구소(2012), 2012년 IT 산업 10대 이슈와 클라우드 컴퓨팅.

〈그림 1〉 2012년 IT 산업 이슈-클라우드 컴퓨팅

클라우드 컴퓨팅의 도입 및 확산과 클라우드 환경에서의 개인정보 등의 주요 정보 보유량이 증가함에 따라 클라우드 컴퓨팅 환경에서의 정보보호가 핵심적인 요구사항으로 주목받고 있다.

은성경(2010)은 이와 관련된 이슈를 개인 사용자와 기업 사용자로 구분하여 설명하고 있다. 개인 사용자는 주로 클라우드 컴퓨팅에서 E-mail, 사진 및 파일저장과 공유서비스 등을 주로 사용하며, 개인정보노출 또는 개인 데이터의 상업적 목적에 따른 가공 등에 대해서 우려하고 있다. 기업 사용자는 기업정보의 훼손 및 유출, 고객정보의 유출, 법/규제 준수 등에 대해서 우려하고 있다. 개인이나 기업은 자신의 정보가 노출되는 것을 원하지 않는다. 그러나 클라우드 컴퓨팅의 특성상 개인이나 기업의 정보는 쉽게 노출될 가능성이 있고, 이에 따라 사용자들은 보안문제와 국내외 법과 규제에 대한 적용이 확실히 이루어질지에 대해 우려하고 있다. 이러한 불안감 때문에 클라우드서비스 전반에 대한 도입의향이 외국에 비해 낮은 것으로 나타났다.

현재 클라우드 컴퓨팅 환경에서의 정보보호를 위하여 클라우드 환경에 적합한 표준을 도출하기 위한 연구가 진행되고 있다. 국제표준인 ISO/IEC 27002를 클라우드 컴퓨팅 환경에 맞게 ISMS 내용을 포함한 ISO/IEC 27017의 개발이 진행되고 있고, 국내의 ISMS, PIMS에 대해서도 비슷한 연구가 진행되고 있다. 또한 한국 클라우드서비스협회의 클라우드서비스 인증제도에서도 정보보호 관련 항목들이 포함되어 있다.

이번 연구에서는 클라우드 환경에서의 정보보호 위협관리영역에 대해서 살펴본다. 또한 이러한 위협영역에서 정보보호를 위하여 클라우드 환경에서의 ISMS, PIMS에 대한 연구, 클라우드서비스 인증제도의 정보보호 관련 항목들에 대해서 알아본다. 각각에 대해서 클라우드 환경에서의 정보보호 요구사항들을 확인해보고 문제점 및 개선방안, 추후 연구과제를 제시하고자 한다.

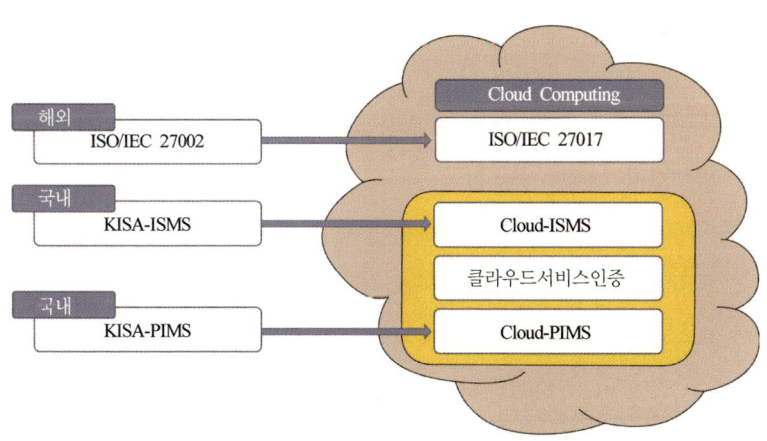

출처: 박대하(2011), 클라우드 컴퓨팅 개인정보보호 연구동향과 과제.

〈그림 2〉 클라우드 환경에서의 정보보호 관련 연구동향

클라우드 컴퓨팅 환경에서의 위협관리영역

앞 절에서 언급했듯이, 클라우드 컴퓨팅 서비스는 기존의 IT 환경과는 다른 관점에서 관리가 되어야 한다. 또한 개인이나 기업이 클라우드서비스를 도입하기 위해서는 객관적인 평가기준이 필요하고 그 기준은 보안과 신뢰성을 내포하고 있어야 한다. 이러한 이유로 기존과 다른 클라우드 컴퓨팅 환경에서의 정보보호관리체계가 필요하다. 이번 절에서는 클라우드 특성에 맞는 정보보호관리체계를 설계하기 위해, 클라우드 컴퓨팅 서비스의 위협을 도출하고, 위협관리영역을 분류한다.

신경아 외 1인(2012)에 따르면 클라우드서비스 위협은 크게 관리적 관점과 기술적 관점, 물리적 관점으로 고려할 수 있다. 이 중에서 물리적 관점에서 클라우드 환경에서의 신규위협은 없다고 밝히고 있다.

관리적 관점에서 서비스의 위협은 서비스 제공자와 데이터 소유주가 다른 위탁·제공 서비스 구조에서 발생한다. 데이터 소유주가 별도로 존재한다는 것은 데이터의 유출위협, 서비스 제공자의 관리 미숙함으로 인한 관리적 보안위협, 불공정한 계약조건 등으로 인한 SLA(Service Level Agreement) 계약분쟁위협 등의 문제점을 발생시킨다. 또한 데이터센터 배치문제는 국외에 센터가 위치하는 경우 상이한 법규로 인해 국내법 적용이 불가능해 보안에 대한 위협이 될 소지가 있다.

클라우드 환경에서 데이터는 전 세계에 분산·저장될 수 있고, 복사본이 존재할 수 있다. 법체계가 미비한 국가의 경우 시스템이나 데이터가 압수될 수 있고, 법 집행과정에서 과도한 개인정보노출이 발생할 수 있다. 그리고 영토고권(領土高權)이 미치지 못하는 지역에 데이터가 위치하면 법적 자료의 수집이 어려워진다.

국내법 규제이탈 위협은 클라우드서비스에서 등장한 새로운 위협으로 ISO 27001에서는 다루지 않고 있다. 데이터센터의 위치통제의 경우 서비스 가입 시 데이터센터의 위치를 공지하고 국외로 데이터센터 이전 시 이용자의 사전동의와 승인을 받도록 규정해야 한다.

기술적 관점에서 클라우드서비스의 위협은 적용기술이다. 우선 컴퓨팅 자원관리의 오류와 비표준화로 서비스가 중단되는 위협이 있다. 또한 분산기술과 가상화 기술로 된 시스템을 통합 관리하는 데 대한 오류위협, 웹 인터페이스 취약점 공격위협, 자원공유로 인해 데이터 격리미흡이나 프로파일 정보유출로 접근통제를 우회한 위협이 야기될 수 있다.

클라우드 컴퓨팅 환경에서의
정보보호관리체계(C-ISMS)

이번 절에서는 앞 절에서 정의한 위협관리영역을 바탕으로 설계된 클라우드 컴퓨팅 환경에서의 정보보호관리체계(C-ISMS) 관련 연구에 대해 소개한다.

정보보호관리체계는 정보자산의 안전, 신뢰성을 강화하기 위해 정보자산의 기밀성, 무결성, 가용성을 실현하기 위한 관리체계로써, 정보보호정책수립, 관리체계범위설정, 위험관리, 구현, 사후관리의 관리과정을 가진다. 정보보호관리체계에는 국제인증인 ISO 27001 등이 있으며, 국내인증으로는 KISA-ISMS가 있다. 이 표준들은 통제영역의 분류 등에서는 차이가 존재하나 항목이나 내용에 있어서는 큰 차이가 없다.

신경아(2012)는 앞 절에서 설명한 클라우드 컴퓨팅 환경에서의 위협관리영역으로부터 통제영역을 도출하여 크게 '서비스 운영보안', '서비스 데이터보안', '서비스 접근통제', '보안 아키텍처', '관리적 보안', '고객서비스 보안'으로 나누어서 설명하고 있다. 기존 정보보호관리체계의 모든 통제영역을 포함시켰고, 서비스 보안관리는 클라우드 환경 외의 기존의 일반적인 정보보호관리체계에서는 다루지 않았던 부분이다.

'서비스 운영보안'은 서비스의 가용성, 성능, 확장성이 보장할 수 있도록 자동화된 관리와 모니터링, 사고대응과 복구체계를 구축하여 안정적인 서비스 운영관리를 보장하는 영역이다. 통제요소에는 기본적으로 운영하는 데 필요한 관리요소들을 포함하고 있다.

'서비스 데이터보안'은 서비스 이용자의 데이터를 보호하는 데 필요한 암호화, 분류 및 관리, 생명주기별 보호조치와 같은 데이터의 준거성으로 정의되는 영역이다. 위협관리영역의 접근통제로부터 서비스 접근통제영역으로 설정되었고, 이는 통합계정권한관리, 자원격리, 세션통제의 통제요소로 구성된다. 통합적 관리와 이용자환경의 취약점 공격에 따른 위협이 발생되는 분산 기술, 가상화 기술, 웹 인터페이스는 '보안 아키텍처' 통제영역으로 설정되었다. 그리고 관리적 관점의 관리보안 위험영역은 정보보호의 정책, 조직, 감사와 자산관리, 인적 보안, 시설보안, 사업연속성계획을 포함하는 '관리적 보안' 통제영역으로 분류된다.

불공정한 계약문제를 다루는 SLA/계약서와 데이터의 위치에 따른 법 규제 이탈은 '고객서비스 보안' 통제영역으로 분류하였다. 고객서비스 보안은 이용자가 서비스를 이용 시 기술적인 고객지원을 마련하고, 계약 및 과금이 공정하게 체결되며, 제공자 사업현황을 이용자들이 파악할 수 있는 통제요소들로 정의된 영역이다.

클라우드 정보보호관리체계 통제영역과 통제요소를 나타내면 다음과 같다.

<표 1> Cloud 환경에서의 ISMS 통제영역과 요소

통제영역	정의	요소	위협관리영역
서비스 운영 보안	서비스의 가용성과 성능, 확장성을 보장할 수 있도록 자동화된 관리 및 모니터링, 변경관리를 준수하고 사고대응과 복구체제를 구축하여 안정적인 서비스 운영관리를 보장해야 함	- 성능 관리 - 확장성 관리 - 분산시스템과 가상화 관리 - 보안사고 관리 - 백업/복구 관리 - 모니터링 - 변경관리	- 가용성(성능 및 확장성 관리)
서비스 데이터 보안	서비스 이용자의 데이터를 보호하기 위한 데이터 암호화를 지원하고 데이터 보안등급과 분류, 생명주기별 보호조치를 마련해야 함	- 데이터 암호화 - 데이터 분류 및 관리(보호등급, 권한관리, 백업/복구) - 데이터의 준거성	- 데이터보안
서비스 접근 통제	서비스를 제공함에 있어 허가된 접근과 비인가된 접근을 효율적으로 통제할 수 있는 인증체계와 권한관리로 서비스의 신뢰성과 안전성을 보장해야 함	- IAM(통합계정권한관리) - 자원격리 - 세션통제	- 접근통제
보안 아키 텍처	서비스 처리의 정확성과 실시간성, 안정성을 보장하기 위한 정보시스템의 요소기술과 구성관리, 구성요소별 보안특성을 관리해야 함	- 분산시스템 구조 - 가상화시스템 구조 - 성능 및 확장성 기술 - 웹 보안 - 가상화 보안 - 스토리지 보안 - 서버 보안 - 네트워크 보안 - 단말 보안 - 애플리케이션 보안	- 분산기술 - 가상화 기술 - 웹 인터페이스
관리적 보안	서비스 관리를 위한 방침과 지원을 수립하고, 내외부 직원의 관리 및 정보보호조직을 구성하여 정보보호 및 개인정보의 책임을 부여해야 함. 위험관리계획을 수립하고 테스트 및 개선활동으로 사업의 연속성을 확보해야 함	- 정보보호정책 - 정보보호조직 - 정보보호감사 - 자산관리 - 인적보안 - 시설보안 - 사업연속성계획(위험평가)	- 관리보안

고객서비스 보안	이용자가 서비스를 이용함에 있어 불편함이 없도록 기술적 인적 지원체제를 마련하고, 서비스 계약은 관련법에 따라 공정하게 체결되고 적정한 과금 체계를 갖추어야 함. 제공업체의 안정된 사업현황을 파악할 수 있도록 경영상태를 공개하고, 보험가입 등을 통한 배상책임을 보장해야 함	고객지원	- 기술지원 프로세스 - 고객지원 프로세스	- SLA/계약서 - 법 규제 이탈
		계약 및 과금	- 계약서(이용약관) - **SLA** - 과금체계 - 계약 관련법 준거성	
		제공자 사업 현황	- 기술인력 현황 - 서비스 장비 현황 - 사업 연혁 - 경영 상태 - 보험가입 등 배상책임 보장	

출처: 신경아 외 1인(2012).

기존의 ISMS는 기업 자산에 대한 정보보호관리체계로 자산을 식별하고 식별된 자산에 대한 취약성을 점검하고 위험평가를 통해 위험도를 측정하여 위험 수위가 높은 자산에 대해 우선적으로 보호한다. 한편 PIMS는 개인정보보호에 대한 체계적인 관리를 다루며, 개인정보수집에서부터 이용, 저장, 파기에 이르는 개인정보생명주기를 가지고 있다는 데 ISMS와의 차이가 있다. 이번 절에서는 클라우드 컴퓨팅 환경에서의 개인정보관리체계(C-PIMS) 관련 연구에 대해 소개한다.

방송통신위원회(2011)에 따르면 개인정보관리체계(PIMS)는 기업이 고객의 개인정보보호를 체계적, 지속적으로 수행하기 위해 필요한 일

련의 보호조치로서, 2010년 11월 개인정보보호관리체계 인증제도가 도입되었다. KISA-PIMS는 KISA-ISMS, ISO/IEC 27001 등 국내외 표준과 법률에 명시된 개인정보보호조치를 고려하여, 국내환경에 맞게 보완 개발된 것이다.

KISA-PIMS의 인증 심사기준은 개인정보관리과정, 개인정보보호대책, 개인정보생명주기 3개 분야의 119개 통제항목, 325개 세부점검사항으로 구성되어 있다. KISA-PIMS의 경우, 앞 절의 KISA-ISMS와 마찬가지로 클라우드 컴퓨팅의 특성을 반영하지 못하여, 클라우드 컴퓨팅 환경에서의 개인정보보호 요구사항을 만족하지 못하고 있다.

이에 대해 박대하(2011)는 ISO/IEC 27002의 내용 중 클라우드 컴퓨팅 환경에 맞게 변경된 ISO/IEC 27017에서 제안한 내용들을 KISA-PIMS의 관련 통제항목에 반영하였다. 클라우드 환경에서의 PIMS 통제 내용은 다음 표에 나타나 있다.

〈표 2〉 Cloud 환경에서의 PIMS 통제 내용

영역	도메인	Cloud 환경에서의 PIMS 통제 내용
개인정보보호대책요구사항	개인정보보호정책	개인정보정책에 클라우드 컴퓨팅 서비스의 사용을 적용하기 위한 지침, 표준, 절차의 수립
	개인정보보호조직	클라우드서비스를 사용하여 개인정보를 처리하는 내부부서의 책임자 및 담당자 지정
	개인정보분류	클라우드서비스 명칭과 서비스 제공자를 식별하여 사용자 조직의 자산목록으로 문서화 개인정보 관리자산 분류기준에 클라우드서비스에 대한 기준 포함 클라우드서비스를 거치는 개인정보 흐름의 분석
	교육 및 훈련	클라우드서비스의 사용규정, 관리적 및 기술적 보호대책에 대해 개인정보취급자가 필수적으로 알아야 하는 사항을 교육에 포함
	인적보안	클라우드서비스를 사용하는 개인정보취급자의 최소한으로 제한

개인정보보호대책요구사항	침해사고처리 및 대응	클라우드서비스 제공자의 관제시스템을 이용한 개인정보사고의 모니터링 클라우드서비스 제공자와 개인정보사고에 대한 보고채널 유지 클라우드서비스에서 발생하는 개인정보사고에 대한 처리 및 복구절차 개발
	내부검토 및 감사	클라우드서비스의 개인정보보호에 대한 법적 요구사항 정의 클라우드서비스에 대한 접속 기록의 보존, 검토 및 감사
	기술적 보호조치	클라우드서비스의 개인정보취급자 권한 관리 클라우드서비스 제공자의 개인정보 접근 제한 클라우드서비스의 데이터베이스에 저장된 개인정보 암호화 클라우드서비스의 변경에 따른 개인정보 영향평가
	물리적 보호조치	클라우드서비스 제공자의 개인정보 처리시설에 대한 물리적 보호구역 지정 및 물리적 접근통제
생명주기준거요구사항	개인정보수집에 따른 조치	클라우드서비스의 이용자가 개인정보보호 취급방침을 쉽게 확인할 수 있도록 공개
	개인정보이용 및 제공에 따른 조치	클라우드서비스의 이용자가 개인정보의 열람 또는 이용 및 제공 내역을 요구할 수 있는 방법
	개인정보관리 및 파기에 따른 조치	파기 요청 시 클라우드서비스에 저장된 개인정보를 복구할 수 없도록 파기하는 방법

출처: 박대하(2011). 클라우드 컴퓨팅 개인정보보호 연구동향과 과제.

이 외에도 박대하(2011)는 클라우드 환경에서의 개인정보보호 관련 해외의 연구사례를 살펴보면서, 개인정보 위험을 분류하여 KISA-PIMS 의 관련 항목들과 연결시켰다. 그중 하나는 캐나다 온타리오의 IPC (Information and Privacy Commissioner)의 'Privacy by Design(PbD)' 접근 방법이다. PbD는 프라이버시와 관련하여 7가지 기본원칙이 있고, 이 와 관련하여 클라우드 컴퓨팅과 관련된 개인정보 위험에 대해서 다음과 같이 9가지로 나누어서 설명하고 있다. 그리고 KISA-PIMS와 관련 항목들도 다음과 같이 연결을 하였다.

<표 3> Cloud 환경에서의 PIMS 통제 내용

위험	설명	PIMS 영역	PIMS 통제목적
사법권	국가별 다른 데이터보호에 대한 법과 접근법에 따른 위험	생명주기준거 요구사항	2.6 해외이전 시 개인정보보호 3.1 개인정보조사 및 책임할당
새로 생성된 데이터	클라우드 환경에서 새로 생성된 데이터가 노출될 위험	생명주기준거 요구사항	2.4 제3자 제공 시 개인정보보호
보안	데이터의 흐름을 보호하기 위하여 암호화 기법을 사용해야 함	개인정보보호대책 요구사항	8.2 암호통제
데이터침해	클라우드서비스 제공자, 정부기관에서 데이터 접근이 가능, 사용자는 인지를 못하는 경우가 많음	개인정보보호대책 요구사항	7.3 모니터링 8.2 암호통제
합법적인 접근	합법적으로 접근을 하더라도 본래 목적 외에 접근 및 데이터 사용에 대한 위험	개인정보보호대책 요구사항	7.1 법적 요구사항 준수검토
처리	아웃소싱할 경우, 데이터의 접근 등의 절차가 적절한지를 보장하여야 함	개인정보보호대책 요구사항	8.3 운영통제
처리데이터의 오용	클라우드 제공자가 데이터 처리자로서 활동과 그 외의 활등을 구분하여야 함	개인정보보호대책 요구사항	8.1 접근통제
데이터 영속성	계약완료 후 데이터가 영구적으로 제거되었는지에 대한 위험	생명주기준거 요구사항	3.1 개인정보의 관리 및 파기
데이터 소유권	새로 생성된 데이터에 대한 소유권에 대한 위험	생명주기준거 요구사항	1.2 개인정보 수집 시 고지 및 동의 획득

출처: 박대해(2011), 클라우드 컴퓨팅 개인정보보호 연구동향과 과제.

클라우드서비스 인증제도

클라우드서비스   인증사무국(2012)
에 따르면 클라우드서비스 인증제도를 위한 시스템적 프레임워크는 클
라우드서비스 산업 전반에 대한 불안감 해소와 서비스의 활성화를 위
하여, 방송통신위원회를 주관으로 한국 클라우드서비스협회에서 산학
연의 협력으로 서비스 및 법제도의 전문가들을 중심으로 개발되었다.

앞 절에서 설명한 C-ISMS, C-PIMS와 달리 클라우드서비스 인증제
도는 정보보호에만 초점을 두지 않고, 클라우드서비스의 원활한 제공
을 위해 기본적으로 갖추어야 할 항목에 대해서 종합적으로 평가를
하고 있다. 크게 '클라우드서비스' 및 '클라우드서비스 제공사업자'의
두 개 영역에 대하여 평가하고 있으며, 프레임워크와는 다르게 실질

적으로 심사영역에서 측정되는 목적은 클라우드서비스의 경우 가용성, 확장성, 성능이며 클라우드서비스 제공사업자의 경우 데이터관리, 보안, 서비스 지속성, 서비스 지원으로 구성된다.

여기서 서비스 정보보호 평가항목이며 정보보호와 직접적으로 관련되는 측정항목에는 '데이터관리'와 '보안'이 있다.

'데이터관리'는 클라우드서비스 제공자의 관점에서 이용자의 데이터를 안전하게 보호, 관리하기 위한 정책과 인적, 물적 자원이 갖추어야 함을 나타낸다. 측정항목에는 데이터관리 정책수립, 조직 및 책임설정, 백업시스템 확보 및 관리, 백업시행 및 복구테스트, 데이터 반환 및 폐기로 되어 있고 각각의 점검항목이 세부적으로 구성된다. 데이터관리 정책수립의 경우 데이터보호, 관리를 위한 관리정책의 문서화, SLA(클라우드서비스 수준협약)를 이용자에게 사전에 문서로의 제시, 지침 내용의 포함, 데이터의 국외 이전이나 국가 간 이동에 대한 조치 포함 여부에 대한 점검항목으로 구성된다. 다른 측정항목의 경우 관리적 측면에서 점검항목을 대부분 다루고 있다.

'보안'의 측정목적은 조직의 정보를 효과적으로 보호하기 위해 관리체계와 물리적 시설 및 설비의 취약성을 분석하고 적절한 대책을 마련하는 내용을 다루고 있다. 측정항목으로 정보보호정책수립, 조직 및 책임설정, 정보자산관리, 인증 및 접근관리, 정보보호교육, 내외부 인력보안, 물리적 접근통제, 시스템 개발보안, 가상화 보안, 보안사고관리의 항목이 있다.

정보보호정책수립은 서비스 제공자가 데이터관리에 대하여 문서화하는지의 여부, 이용약관의 명시, 정보보호정책관련 법령의 정의와 적용 여부를 다루고 있다. 조직 및 책임설정 항목은 클라우드서비스의 직무역할과 책임, 타 업무와의 관계를 정의하는지, 해당 직무의 수행을 위한 적절한 규모의 인력과 전문성이 배치되었는지, 이용자의 요구사항을 접수하고 반영하기 위한 프로세스를 수립하는지에 대한 항목을 점검한다. 그리고 서비스 내부의 모든 정보자산의 경우 소유자, 관리자, 사용자를 확인하고 정보에 대한 책임소재를 명확하게 하는 정보자산관리 항목을 두고 있다.

기술적 관점에서 인증 및 접근관리는 데이터, 프로그램, 주요 시스템, 네트워크에 대해 접근통제를 하는가를 점검한다. 여기서는 시스템의 데이터베이스 관리 프로세스, 시스템관리와 사용자 인증, 이용자 패스워드 관리프로그램, 정기적인 접근권한 점검을 다루고 있다. 다른 기술적인 항목으로 신규시스템 도입과 개발에 따른 시스템 개발보안, 가상화 보안이 있다. 내외부 인력보안 항목의 경우 외부위탁업체가 계약서 및 SLA에 명시된 보안요구사항을 이행하는지에 대한 점검항목이며, 이외에 정보보호교육, 물리적 접근통제, 보안사고 관리 시 대응체계 운영 여부를 고려하여 인증을 심사하고 있다.

06
문제점 및 개선방향, 향후 연구과제

　　　　　　　　　지금까지 클라우드 컴퓨팅 환경
에서의 ISMS와 PIMS에 관한 연구, 클라우드서비스 인증제도에 대해
살펴보았다.

　　현재 클라우드 인증제의 운영은 클라우드서비스협회이고, ISMS와
PIMS는 KISA가 담당하고 있다. 지금까지 평가항목을 각각 살펴보았
지만, 중복되는 항목들이 많이 있다는 것을 확인할 수 있다. 클라우드
서비스 인증제는 정보보호 외에도 품질, 안정성, 서비스 기반 등 클라
우드서비스 제공업체의 전반적인 클라우드서비스 수준에 대한 인증
제도이기는 하나, 정보보호부분의 항목에 대해서는 KISA와 클라우드
서비스협회는 협의를 통하여 최적의 통제항목을 도출하기 위하여 노

력하여야 한다. 현재 방송통신위원회는 정보통신망법에 따라 ISMS의 인증을 받은 기업들은 클라우드서비스 인증제의 보안심사항목은 중복으로 받지 않도록 제도를 연동할 방침이라고 발표하였다.

또한 클라우드 환경에서의 정보보호관리체계에 대한 연구는 적은 편이다. 해외의 사례에 대한 연구가 조금 있을 뿐, 아직까지 구체적인 평가항목을 제시하거나, 국내 실정에 맞는 위험 등에 대한 분석은 나오지 않고 있다. 신경아(2012)에 의해 연구된 C-ISMS도 실용화되기 위해서는 통제영역을 구체화하여 항목을 도출하여야 한다. 개인정보보호와 PIMS에 대해서는 관련된 연구는 더욱 없다. C-PIMS에 대한 연구는 해외사례에서의 연구도 중요하지만, 앞 절에서 제시한 국내의 클라우드 환경에서의 정보보호 위협영역이나, 클라우드 환경에서의 ISMS에 대한 연구 등을 참고하는 것도 가능하다.

클라우드서비스 인증심사에서 제공하는 평가방법은 가중치 설정이 되어 있지 않은 상황이다. 서광규(2011)는 클라우드 환경에서 중요도에 따라 적합한 항목 간 가중치 설정이 필수적이며 다른 서비스 수준도 중요하지만, 보안영역에 대한 가중치를 높여야 한다고 주장하고 있다.

마지막으로 이러한 클라우드 컴퓨팅 환경에서의 ISMS와 PIMS에 관한 연구와 클라우드서비스 인증제도를 활용하여 정보보호와 관련된 클라우드 컴퓨팅 서비스 관련 국제표준 관리체계 연구도 활발히 이루어져야 할 것이다.

이번 연구에서는 클라우드 컴퓨팅
에 대한 전반적인 정보보호 연구동향과 제도에 대해서 살펴보았다.
우선 클라우드 컴퓨팅의 정보위협관리영역에 대해 확인하고, 이러
한 위협관리영역과 다른 해외의 연구사례에서 도출되어진 클라우드
컴퓨팅 환경에서의 ISMS와 PIMS 통제 내용에 관한 연구논문들을 살
펴보았다. 또한 이와는 별개로 존재하는 클라우드서비스 인증 사무국
의 클라우드서비스 인증제도의 평가항목 등에 대해서도 확인하여 보
았다. 클라우드 환경에서의 ISMS와 PIMS, 클라우드서비스 인증제도
모두 조금씩 다른 목적을 가지고 통제항목이 도출되었거나 연구가
진행 중이지만, 클라우드 환경에서의 정보보호라는 공통분모로 묶을

수 있다. 클라우드서비스 인증제는 정보보호 외에 품질, 안정성, 서비스 기반 등 클라우드서비스 제공업체의 전반적인 클라우드서비스 수준에 대한 인증제도이기는 하나, 정보보호 부분의 항목에 대해서는 ISMS, PIMS를 심사하는 KISA와 클라우드서비스협회는 협의를 통하여 최적의 통제항목을 도출하기 위하여 노력하여야 한다.

　미래에도 클라우드 컴퓨팅은 IT 관련 핵심적인 이슈가 될 것으로 전망된다. 그러한 클라우드 컴퓨팅 환경에서의 정보보호에 대한 중요성이 점점 높아지고 있고, 이러한 클라우드 컴퓨팅 환경에서의 정보보호관리체계의 수립과 정보보호 관련법, 제도의 개선은 안전한 클라우드 컴퓨팅 이용과 클라우드 컴퓨팅의 활성화를 위해서 반드시 해결되어야 할 과제이다.

참고문헌

박대하 외 1인(2011), "클라우드 컴퓨팅 개인정보보호 연구동향과 과제", 정보보호학회논문지 제21권 제5호, pp.37~44.

박완규(2012), "클라우드 컴퓨팅 환경에서의 개인정보의 미국 이전에 따른 문제점 및 대응방안 연구", 경북대학교 법학연구원 법학논고 제38집, pp.455~478.

방송통신위원회(2011), "방송통신표준 KCS.KO-12.0001 개인정보보호 관리체계(PIMS)."

서광규(2011), "클라우드서비스 인증제도 수립을 위한 프레임워크", 정보화정책 제18권 제1호, pp.24~44.

신경아 외 1인(2012), "클라우드 컴퓨팅 서비스에 관한 정보보호관리체계", 정보보호학회논문지 제22권 제1호, pp.155~167.

은성경(2010), "클라우드 컴퓨팅 보안기술 동향", 정보보호학회논문지 제20권 제2호, pp.27~31.

클라우드서비스인증사무국(2012), [2012.6.5], http://www.excellent-cloud.or.kr/.

한국클라우드서비스협회(2012), "클라우드서비스 심사기준."
IPC, [2012.6.5], http://www.ipc.on.ca/english/privacy/introduction-to-pbd/.
KISA(2010), "클라우드 컴퓨팅 활성화를 위한 법제도 개선방안 연구."
KT경제경영연구소(2012), "2012년 IT산업 10대 이슈와 클라우드 컴퓨팅."

VI

개인정보 국외이전의 확대와
국제기구의 노력

APEC CBPRs의 이행가능성 탐색

요약

　FTA의 확대로 인해 국가 간 무역과 거래가 증가함에 따라 개인정보의 국외유출에 대한 가능성은 과거 어느 때보다 높아지고 있다. 이에 따라 국제기구에서는 개인정보의 국외이전에 필요한 다양한 대책을 논의해왔다. 특히 APEC에서는 CBPRs이라는 글로벌 개인정보처리자 인증체계를 마련하여 국가 간 개인정보보호 체계의 상호 운용성을 꾀하고 있다.

　본고에서는 개인정보 국외이전과 관련한 국제기구의 활동사례와 특성에 따른 비교 분석을 실시하였으며, 최근에 국제적으로 논의되고 있는 APEC의 CBPRs의 내용과 특성, 그리고 구체적인 요구항목을 살펴본 후 우리의 개인정보 보호법과의 항목별 비교 검토를 통해 그 이행가능성을 살펴보았다. 검토결과 대부분의 항목을 개인정보 보호법을 통해 이행 가능함을 도출하였고, 일부 항목에 대해서는 법률적 개선이나 이행의 효율화를 통해 미흡한 점을 개선해나갈 수 있음을 확인하였다. 끝으로 APEC CBPRs의 효과적인 이행을 위한 정책대안을 살펴보았다.

인터넷의 발달과 글로벌 네트워크의 구축은 국민 개개인의 신상과 상거래 활동에 관한 개인정보를 대규모로 수집, 처리, 전송하는 것을 가능하게 하였고 이에 따른 갈등의 가능성을 증폭시키고 있다. FTA의 확대로 인해 국가 간 무역과 거래가 증가함에 따라 국외의 유출에 대한 가능성은 과거 어느 때보다 높아지고 있으며, 개인정보 데이터 구축이 클라우드 환경으로 빠르게 확산하면서 개인정보 데이터베이스에 대한 보안관리는 더욱 요원해지고 있다. 글로벌 네트워크의 형성은 정보에 대한 정부의 독점을 파괴하고 정보의 자유로운 공유를 가능하게 함으로써 투명성을 높여주는 반면, 개인정보유출의 위험을 내포하고 있는 것이다.

이러한 국가 간 개인정보 유통은 세계적인 문제이며 더욱이 일국가의 독자적인 해결을 어렵게 한다는 데에 그 심각성이 있다(조화순, 2004). 개인정보의 국외유출 사고가 발생할 경우 초동대응에 한계가 있을 뿐 아니라 자칫 국가적 외교분쟁으로 확대되는 등 해외에서의 개인정보 유출 사고 시에는 복잡한 문제가 발생하게 된다. 특히 클라우드 기술의 경우 서버를 해외에 두는 경우가 대부분이고, 이 경우 개인정보의 국외이전 문제가 발생하게 된다. 해외 클라우드 서버에서 해킹을 비롯한 개인정보유출 사고가 발생할 경우, 법적인 보상문제를 비롯하여 범죄수사 자체에도 어려움을 겪을 수 있다(디지털타임스, 2012.5.29).

이에 따라 OECD, APEC 등 국제기구에서는 1980년대부터 개인정보 국외이전에 필요한 원칙과 표준을 제시하는 등 여러 가지 노력을 기울이고 있다. 특히 APEC에서는 지난 2006년부터 국경 간 프라이버시 보호규약 시스템(Cross-border Privacy Rule system, 이하 CBPRs)이라는 프로젝트를 통해 역내 회원국의 개인정보 국외이전의 원칙을 효율적으로 이행할 수 있는 구체적인 협력방안을 추진하고 있다. 본고에서는 APEC의 개인정보 국외이전 이행노력 중의 하나인 CBPRs의 전반적인 내용과 CBPRs에서 제시하는 개인정보처리자의 국외이전 인증 평가항목 및 이러한 평가항목의 국내 법률체계 특히 개인정보 보호법(시행령 및 하위지침 등 포함)과의 비교 분석을 통해 그 이행가능성을 검토해보기로 하겠다.

1) 개인정보 국외이전의 개념과 범위

　개인정보 국외이전에 대한 개념과 범위는 전문가들 사이에서도 다양하게 해석된다. 특히 '개인정보 국외이전'에 대한 정의는 국내외 법률 등에서도 명확하게 제시되어 있지 않아 그 사전적 의미를 기초로 하여 설정하는 것이 필요한 것으로 보인다. 국립국어원의 표준국어대사전에서는 이전(transfer, 移轉)을 ① 사물의 소재나 주소를 다른 곳으로 옮김, 또는 ② 권리 따위를 넘겨주거나 넘겨받는 것 등으로 정의하고 있다. 이를 기초로 개인정보 국외이전을 정의한다면 협의적인 개념으로 '자국민의 개인정보의 물리적 해외이전'이라고 할 수 있을 것이나(한국정보보호진흥원, 2006), 정보 네트워크 기반에서의 개인정보 국외이전은 개인정보의 처리에 대한 일부의 권리 행사가 국가 간에서 이루어진다면 그 또한 광의로서의 개인정보 국외이전이라 부를 수 있을 것이다. 즉, 개인정보의 국외이전이라 함은 개인정보파일 등 자국민 개인정보의 물리적인 해외이동뿐만 아니라 개인정보를 포함하는 파일이나 시스템 등에 대한 운영과 처리 권한이 이동되는 현상이라고 정의할 수 있을 것이다.

이러한 광의의 개인정보 국외 이전에 대한 개념 정의는 경제개발협력기구(Organization for Economic Cooperation and Development, 이하 OECD)나 유럽연합(European Union, 이하 EU)의 최근 보고서 등에서 잘 나타나고 있다. 개인정보의 국외이전에 대한 원칙을 가장 먼저 제시한 국제기구는 OECD라 볼 수 있다. OECD는 개인정보 국외이전을 개인 데이터의 국가 간 이동(movements)으로 규정하고 있으며(OECD Guideline, 1980), 국외이전에 대한 범위의 해석을 정보의 수집이 이루어졌던 곳과 다른 곳에 위치하는 경우, 정보 자체가 제3국으로 전송되었을 경우, 정보의 중요한 사안이 제3국가에 있을 경우를 모두 포함하고 있는 것으로 보고 있다(OECD, 2011).

EU에서도 이와 유사한 개념과 범위를 설정하고 있다. EU의 법률집행기구인 유럽집행위원회(European Commission)에서 발표된 '제3국으로의 개인정보 국외이전과 관련된 FAQ(Frequently Asked Questions relating to Transfers of Personal Data from the EU/EEA to Third Countries)'에 따르면 제3국에 위치하고 있는 제3자가 개인정보를 이용하기 위하여 개인정보처리자(data controller)가 취할 수 있는 모든 경우의 행위로 규정하고 있다. 또한 EU 사법재판소(Court of Justice of EU)의 판결에 따르면 개인이 인터넷을 통해 개인정보를 로드하는 것은 개인정보 국외이전의 범위에 포함되지 않음을 밝히고 있어 개인정보 국외이전에 포함되는 범위는 개인이 아닌 기업이나 공공기관 등의 개인정보처리자(data controllers)로 한정하고 있다(Case C-101-01, Court of Justice of EU, 2003).

우리나라의 경우 개인정보 보호법, 정보통신망 이용촉진 및 정보보호 등에 관한 법률 등에서 개인정보 국외이전 시 제한사항을 두고 있으나 그 개념이나 범위에 대해서는 명확하지 않은 것으로 나타나고 있다. 또한 금융정보의 국외이전과 관련하여 전자금융 감독규정에는 금융기관 또는 전자금융업자는 국내에 본점을 두었을 경우 전산실은 국내에서만 설치하도록 규정되어 있어 향후 FTA의 원활한 이행을 위해서는 본 조항에 대한 수정이 불가피한 것으로 보인다.

〈표 1〉 개인정보 국외이전에 대한 국내의 법률 및 지침

구분	일반법	특별법	부령
법제명	개인정보 보호법	정보통신망 이용촉진 및 정보보호에 관한 법률	전자금융 감독규정
적용 대상	전체	전기통신사업자	금융기관 또는 전자금융 사업자
조항 및 내용	국제수준에 맞는 개인정보보호 수준 향상 및 국외이전에 따른 정보 주체 권리 침해 방지(제14조) 국외의 제3자 제공 시 정보 주체의 동의 필요 및 법에 위반한 계약체결 금지(제17조)	법 위반한 계약체결 금지, 국외이전 시 이용자 동의 필요 및 동의 시 고지항목 제시, 국외이전 시 보호조치 마련 등(제63조)	국내에 본점을 둔 금융기관의 전산실 및 재해 복구센터는 국내에 설치(제11조)

2) 개인정보 국외이전과 관련한 국제기구의 주요 원칙

개인정보의 국외이전에 따른 정보 주체의 권리를 보장하고 나아가 국가 간의 개인정보보호체계의 상호운용성 확보를 위하여 국제기구에서는 여러 가지 노력을 기울여왔다. OECD는 1980년 9월 프라이버시 보호 및 개인정보의 국가 간 유통에 관한 가이드라인을 마련하였다. 본 가이드라인은 비단 OECD 회원국뿐만 아니라 외국 및 국제기구 등외 다양한 법률 및 제도에 있어서 개인정보보호에 대한 근본이 되고 있으며 우리나라 역시 OECD 가이드라인의 8원칙을 기초로 하여 지난해 3월에 개인정보 보호법을 제정하게 되었다.

본 가이드라인에 규정된 OECD의 개인정보보호 8원칙은 다음과 같다. ① 수집제한의 원칙으로써 모든 개인정보는 적법하고 공정한 방법에 의해 수집되어야 한다. ② 정보 내용에 대한 정확성의 원칙으로써 이용목적에 필요한 범위 내에서 정확하고 완전하며 최신의 상태로 유지하여야 한다. ③ 목적 명확화의 원칙으로써 개인정보를 수집할 때는 목적이 명확해야 하고 이를 이용할 경우에도 당초의 목적에 반하지 않도록 해야 한다. ④ 이용제한의 원칙으로써 목적 이외의 용도로 공개되거나 이용되어서는 안 된다. ⑤ 안정성 확보의 원칙으로써 개인정보의 유출이나 사고 등에 대비하여 안전한 보호장치를 마련해야 한다. ⑥ 공개의 원칙으로써 개인정보에 관한 개발, 운용 및 정책에 관해서는 일반적인 공개정책을 취하여야 한다. ⑦ 참가의 원칙으로써 정보 주체는 본인의 정보에 대한 확인, 열람요구, 이의제기 및 정정·삭제·보완 등의 청구권을 가진다. ⑧ 책임의 원칙으로써 개인정보처리자는 위에서 제시한 원칙들이 지켜지도록 필요한 제반

조치를 취해야 한다. 상기의 OECD 가이드라인은 프라이버시 보호와 개인정보유통의 균형을 강조하고 있으나 개인정보 국외이전에 필요한 구체적인 실행방안은 존재하지 않는다.

EU는 개인정보보호에 관하여 강력한 정책을 추진하고 있다. EU의 유럽의회와 유럽이사회는 일반적인 개인정보취급에 대한 규정으로 회원국 국민의 기본권과 자유를 보호하고 개인정보처리와 관련한 프라이버시권을 보호하며 EU 회원국 간의 개인정보의 자유로운 유통을 촉진하기 위하여 1995년 10월 '개인데이터의 처리와 개인데이터의 자유로운 유통에 관련된 개인정보 지침(EU Data Protection Directive)'을 채택하였다. 동 지침은 특별히 전자거래나 인터넷만을 위해 제정된 것은 아니지만 경제활동이나 행정목적, 기타 모든 영역에 있어서 개인정보를 수집하고 축적·이전하는 활동에 적용된다.

EU 지침 제29조에 의하여 설치된 개인정보보호작업반(Data Protection Working Party: DP작업반)에서는 1998년 7월 24일 EU 개인정보보호지침 제25조 및 제26조의 적용에 따른 제3국에 대한 개인정보의 이전이라고 하는 실무작업보고서(working document)를 작성 발표하였다. 동 지침에 의하면 EU에서는 1980년의 OECD 가이드라인에서 정한 개인정보보호 8원칙을 반영하여 다음과 같은 원칙을 마련하였다.

① 목적 제한(purpose limitation)의 원칙: 개인정보는 특정 목적을 위하여 처리되고 이용되며, 이전 목적에 반하지 않는 한 유통될 수 있다. ② 정보의 질, 비례(data quality and proportionality)의 원칙: 정보는 정확하여야 하며 필요하면 갱신되어야 한다. 정보는 이전·처리의 목적과 관련하여 적절하고 과도하지 않아야 한다. ③ 투명성(tran spar ency)의 원칙: 개인은 정보가 처리되는 목적과 제3국에서 당해 정보를

관리하는 주체, 기타 공정성을 확보할 수 있는 정보를 알 수 있어야
한다. 유일한 예외는 EU 지침 제11조 2항과 제13조에 규정되어 있다.
④ 안전성(security)의 원칙: 정보를 관리하는 자는 정보처리상의 위험
에 비추어 적당한 기술적 및 관리적 보안조치를 취하여야 한다. 그의
감독하에 정보를 취급하는 자도 정보관리자의 지시를 따라야 한다.
⑤ 열람·정정·거부(rights of access, rectification and opposition)의 권
리: 정보의 주체는 그에 관한 모든 정보를 열람할 수 있어야 하며, 부
정확한 정보는 이를 정정하고, 일정한 경우에는 그에 관한 정보의 처
리를 거절할 수 있어야 한다. ⑥ 정보이전의 제한(restrictions on onward
transfers): 개인정보를 수령한 자가 이를 다시 전송하고자 할 때에는
제2의 정보수령자가 적절한 수준으로 이루어지는 개인정보보호의 규
정의 적용을 받고 있어야 한다. 유일한 예외는 지침 제26조 제1항에
규정되어 있다(박훤일, 2002).

　이러한 원칙에 입각하여 유럽집행위원회(EC)에서는 적절한 보호조
치가 취해지지 못하는 제3국으로의 역외이전을 금지하고 있으며 이를
이행하기 위하여 제3국가에 대한 적합성 평가제도, Safe Harbor 제도,
Binding Corporate Rules(BCR), 표준 계약조항(Standard Contractual Clauses)
등의 조치를 취하고 있다.

　APEC은 역내 회원국의 개인정보보호를 통해 소비자의 신뢰를 제고
하고 이를 바탕으로 전자상거래를 촉진하고자 하는 목적으로 APEC
차원의 프라이버시 프레임워크(APF)를 개발하였다. 이는 아태지역의
기업이나 조직들이 개인정보의 수집과 이용에 관한 단일 접근법을
취하도록 하려는 취지로 작성되었다. APF에서 제시하고 있는 개인정
보 국외이전에 대한 원칙은 다음과 같다. ① 피해예방: 개인의 합법적

인 프라이버시 보호권리를 존중하여 그러한 정보가 오용되지 않도록 필요한 조치를 취해야 한다. ② 고지: 개인정보처리자는 개인정보와 관련된 관행 및 정책을 정보 주체에게 명료하고 알기 쉽게 설명해야 한다. ③ 정보의 수집 제한: 개인정보 수집은 그 목적에 국한되어야 하고, 그러한 정보 수집은 합법적이고 공정한 방법으로 이루어져야 한다. ④ 개인정보의 이용: 수집된 개인정보는 당초의 수집목적이나 그와 관련된 업무를 수행하는 데에만 사용되어야 한다. ⑤ 선택: 필요한 경우, 개인들에게 자기 개인정보의 수집, 활용 및 공개 여부를 선택할 수 있는 명료하고 뚜렷하며 쉽게 이해되고 접근 가능하며 부담되지 않는 메커니즘을 제공해야 한다. ⑥ 무결성: 개인정보는 정확하고 완벽해야 하며 활용 목적상 필요한 범위 내에서 가장 최신 정보를 유지해야 한다. ⑦ 보안조치: 개인정보처리자는 보관 중인 정보를 분실하거나 비인가자의 접근, 파괴, 활용, 조작 또는 공개 등의 위험으로부터 보호하기 위하여 적절한 보안조치를 취해야 한다. ⑧ 열람 및 수정: 개인정보처리자는 정보 주체로 하여금 자신의 개인정보를 보유하고 있는지 여부를 확인해줄 수 있어야 하며 열람과 수정에 대한 기회를 주어야 한다. ⑨ 책임: 개인정보처리자는 상기원칙의 실행방안을 준수할 책임이 있다.

3) 개인정보 국외이전의 이행방안에 대한 두 가지 접근법

이 외에도 UN 등 여러 국제기구에서도 개인정보 국외이전과 관련되는 지침이나 가이드라인을 제공하고 있으나 이를 바탕으로 구체적인 이행방안을 제공하고 있는 국제기구는 APEC과 EU로 대표된다. 이들의 이행방안에 대한 접근방식은 상이하며 그 특성에 따라 적합성 기반접근과 책임성 기반접근으로 분류될 수 있다.

먼저 적합성 기반접근은 EU가 채택하고 있는 이행방안의 접근방법으로서 이전되는 국가 상호 간의 보호수준에 대한 충족성 여부에 중점을 둔다. 따라서 충족 여부를 판단할 수 있는 명확한 조건이나 규정이 존재하게 되며 결과적으로 제도에 대한 요건이 실행에 대한 요건보다 앞서게 된다. EU의 적합성 평가나 기타 다른 개인정보 국외이전 이행방안 제도가 그렇듯이 자율성보다는 엄격한 제도적 강제성에 기반하고 있어 이행으로 가는 진입이 상대적으로 어렵기는 하지만 개인정보의 유출이나 보안에 대한 위험성은 그만큼 안전하다고 볼 수 있다.

다른 하나의 접근방법으로는 미국이나 캐나다 등에서 위시로 하고 있는 책임성 기반 접근방법이 있다. 이는 특정한 기관이나 주체에게 대리적인 책임(vicarious liability)을 부과하며 이 대리적인 책임을 부여받은 기관이나 주체의 역할을 강조하고 있다. 이들의 역할은 적합성 기반 접근방법의 엄격한 제도적 평가가 아닌 교육이나 계몽 등과 같은 자율성 기반의 선순환 구조를 유도하기 위한 측면이 강하다. 따라서 본 제도에 대한 진입은 어렵지 않으나 개인정보의 유출이나 보호적인 측면에서 볼 때는 적합성 기반 접근방법보다 낮은 수준의 것으로 보인다. APEC의 CBPRs이나 OECD 등에서 이러한 책임성 기반의 접근방법을 취하고 있다.

〈표 2〉 개인정보 국외이전의 이행방안에 대한 접근방법 비교

적합성 기반 접근	책임성 기반 접근
보호수준 충족성의 여부 [the same]	대리적인 [vicarious] 책임부여
충족 여부 판단에 필요한 명확한 condition	책임기관의 역할 강조 [평가, 교육, 계몽 등]
제도>실행, Old	실행> 제도, New
강제성, 배타적	자율성, 선순환 구조 유도
Higher Level of Entry, Lower Risk	Lower Level of Entry, Higher Risk
EU [Adequacy Assessment, Safe Haror, BCR, Standrd Contractual CLauses	OECD, APEC CBPRs

1) APEC CBPRs의 개요

APEC은 역내 안전한 개인정보 이전을 위하여 지난 2006년부터 CBPRs-(Cross Border Privacy Rules system) 체계를 마련하고 이행을 추진 중이다. CBPRs이란 회원국 간 안전한 개인정보 이전을 지원하기 위한 개인정보보호 글로벌 인증(certification) 프로그램으로써 APEC 내 전자상거래 그룹인 ECSG(Electronic Commerce Steering Group) 내의 DPS(Data Privacy Sub-group)에서 운영하고 있다. 국외이전 시 피해구제, 수사공조, 회원국 내에서 인증체계를 적용하고 평가를 실시하는 책임기관의 임명과 해임의 역할을 수행하는 CPEA(Cross-border Privacy Enforcement

Arrangement)라는 협의체를 구성하고 있다. 2012년 6월 현재, 7개국 21개 기관이 가입하였으며 우리나라에는 행정안전부가 지난 5월에 가입되었다. 또한 CPEA의 가입 여부를 결정하고 책임기관 지정에 대한 검토를 하고 CBPRs 전반적인 운영관리를 담당하는 JOP(Joint Oversight Panel)를 운영하고 있다. 현재 미국, 멕시코, 대만의 3개 국가가 본 패널을 구성하고 있다. APEC은 회원국에게 1개 이상의 기관이 CPEA에 가입토록 권고하고 있으며 회원국 내 책임기관은 2개 이상 지정이 가능하도록 하였다(<그림 1> 참조).

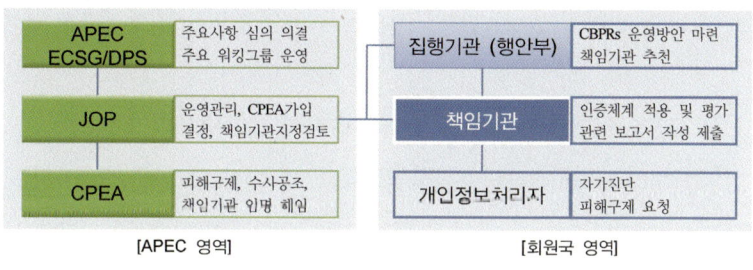

〈그림 1〉 APEC CBPRs 추진체계

2) APEC CBPRs의 추진경과 및 주요 현안

역내 안전한 개인정보 국외이전을 위해 APEC은 지난 2006년에 CBPRs을 최초로 제안하였으며 이행절차로서 4단계 운영과정을 마련하였다. 4단계 운영과정은 자가진단, 수준평가, 인증, 이행의 단계로 구성되어 있으며 그 세부 내용은 다음과 같다.

① 1단계(자가진단－Self Assessment): 기업은 APEC에서 제공하는 개인정보보호 수준 진단질문지(50개 항목)로 스스로의 수준을 자가진단

② **2단계(준수평가-Compliance Review)**: 1단계 개인정보보호 수준 자가진단을 이행한 기업이 실제 질문지 항목을 준수하고 있는지 책임기관이 검증

※ 책임기관(Accountability Agent)은 각 국가의 감독기관(Data Privacy Authority)의 추천을 통해 지정

③ **3단계(인증-Recognition)**: 책임기관은 2단계 준수평가를 통과한 기업이 APEC 내에서 자유롭게 개인정보를 이전할 수 있는 수준임을 인증

※ 책임기관의 인증을 받은 기업의 명단을 APEC 홈페이지에 등재

④ **4단계(이행-Enforcement)**: 1~3단계의 원활한 이행 및 개인정보 침해 관련 민원 발생 시 피해구제 등 국가 간 협력을 위한 CPEA 구성

본 4단계 이행과정을 구체화하기 위하여 2007년부터 2011년까지 9개의 Pathfinder Project를 추진하였으며 금년 APEC ECSG 1차 회의(모스크바, 2012년 2월)에서 그 결과가 최종 승인되었다. 9개의 Pathfinder Project는 ECSG에서 소그룹을 구성해 작업하였으며 세부적인 내용은 아래와 같다.

〈표 3〉 APEC CBPRs Pathfinder Projects

구분	내용
Project 1	APEC 프레임워크에 기반한 기업의 자가진단 질문지 마련
Project 2	국가기관이 책임기관(Accountability Agent) 지정 시 평가할 수 있는 지표
Project 3	책임기관이 기업의 자가진단 결과가 CBPRs에 적합한지 검증하는 체크리스트
Project 4	책임기관으로부터 인증받은 기업의 연락처 디렉터리 마련 방안
Project 5	개인정보보호 기구의 컨텍포인트 디렉터리 마련
Project 6	국가 간 프라이버시 이행을 위한 상호 협정문
Project 7	국가 간 프라이버시 이행을 위한 피해구제요청 서식
Project 8	CBPRs의 범위와 거버넌스
Project 9	프로젝트 1, 2, 3에 대한 테스트 프로젝트

APEC에서는 이러한 단계별 원칙을 확립함에 따라 CBPRs 인증체계에 참여할 국가를 모집하기 위한 노력을 기울이고 있으며, 운영기반을 강화하고 실효성 확보를 위하여 마이크로소프트사를 통한 웹사이트 개발을 진행 중에 있다. 또한 EU의 다국적 기업대상 개인정보 국외이전 인증규칙인 Binding Corporate Rules(BCR)과 연계될 수 있는 방안을 검토하고 있으며 각종 심포지엄 개최 등을 통해 CBPRs의 확산을 꾀하고 있다. 아울러 CBPRs 운영을 위한 국가 간 협력연구의 일환으로서 Data Process Certification 연구를 위한 워킹그룹을 운영 중이며 현재 미국, 캐나다, 홍콩, 일본의 국가와 액센추어, HP, IBM, 오라클 등의 글로벌 기업들이 참여하고 있고 2012년 하반기부터 한국은 연세대학교 정보대학원과 한국정보화진흥원이 공동으로 참여할 계획이다.

APEC CBPRs 인증항목과 적용가능성

1) APEC CBPRs 인증평가항목 및 내용

CBPRs의 이행을 위하여 APEC은 적합성 검증의 체크리스트를 개발하였다. 이는 앞서 제시한 Data Privacy Pathfinder 9개의 프로젝트 중 3번째 프로젝트로 책임기관이 개인정보를 수집·사용하는 기관이나 기업에 대하여 평가 및 인증을 할 수 있는 구체적인 체크리스트로 8개 목록, 50개 세부항목으로 구성되어 있다. 8개 목록은 APF(APEC Privacy Framework)의 8원칙에 입각하여 구성되어 있으며 각 목록에 대한 내용은 다음 표와 같다.

〈표 4〉 APEC CBPRs 이행항목

구성(항목 수)	내용
고지(1~4)(4)	수집, 목적, 제3자와의 관계 등
수집제한(5~7)(3)	최소한의 정보를 목적에 맞게 수집
개인정보이용(8~13)(6)	목적수행을 위한 이용, 혹은 동의법 항목 이행을 위한 이용
선택(14~20)(7)	정보 주체에게 선택할 수 있는 방법 제공
정보무결성(21~25)(5)	정보의 최신성, 정확성을 유지하기 위한 절차 요구
정보보호조치(26~35)(10)	물리적·교육적·기술적 정보보호조치
접근 및 수정(36~38)(3)	정보 주체의 정보접근 및 수정에 관한 절차
책임이행(39~50)(12)	위와 관련된 개인정보보호 절차들을 수행하기 위한 절차

* 각 목록에 대한 세부항목은 부록 참조

2) 평가항목과 개인정보 보호법 간의 비교 검토

APEC의 50개 요구사항(체크리스트)을 개인정보처리자가 자체적으로 진단하며, 책임기관이 해당항목을 평가하고 인증해줄 수 있는 법률적 근거의 여부를 비교 분석하는 것이 CBPRs의 이행가능성을 검토하는 방법이라 볼 수 있다. 따라서 본고에서는 지난해 개정·발효된 개인정보 보호법을 토대로 CBPRs 50가지 체크리스트를 이행할 수 있는지 살펴보았다.

결과적으로 50개의 항목 중 대부분을 개인정보 보호법을 통해 이행 가능함을 도출할 수 있었다. 그러나 정보 무결성이나 현행화와 관련하여 개인정보 보호법 제4조에서 다소 선언적 형태로 제시하고 있어 구체적인 이행 여부를 평가하기가 쉽지가 않은 측면이 있는 것으로 나타났다. 다만 공공부문의 경우 개인정보 보호법 제32조에 의거 개인정보파일에 대한 통합관리를 실시하고 있으며 현행화를 위해 지속적인 업데이트 노력을 요구하고 있으므로 본 요구사항을 이행하는 데 있어서 일정 부분의 법적 근거가 될 수 있다. 제36조와 제37조에 의거 자신의 개인정보에 대한 정정 및 삭제, 처리의 정지를 요구할 수 있어 현행화에 필요한 환경적 요건은 성립될 수 있음을 알 수 있으며 제29조에 의거 개인정보가 변질 또는 훼손되지 아니하도록 내부관리계획 수립 등의 의무를 개인정보처리자에 부과하고 있어 이 또한 무결성을 위한 이행요건의 일환으로 볼 수 있다.

〈표 5〉APEC CBPRs의 구성항목에 대한 이행가능성

구성(항목 수)	이행가능성
고지(1~4)(4)	4 of 4
수집제한(5~7)(3)	3 of 3
개인정보이용(8~13)(6)	6 of 6
선택(14~20)(7)	7 of 7
정보 무결성(21~25)(5)	1 of 5
정보보호조치(26~35)(10)	10 of 10
접근 및 수정(36~38)(3)	3 of 3
책임 이행(39~50)(12)	12 of 12

그럼에도 불구하고 CBPRs의 요구사항은 정보 주체와 정보처리자 및 제3의 제공자 등과의 교신 여부에 대한 세부항목으로 구성되어 있는 경우 있어 이에 대한 이행평가 가능성에 대하여는 추가적인 법률적 해석이 필요할 것으로 보인다.

<표 6> 정보 무결성에 대한 이행가능성

항목 번호	세부 요구사항	이행가능 여부	관련근거 (개인정보 보호법)
21	사용 목적상 필요한 범위 내에서, 개인정보 현행화를 위한 조치	△	법 제3조 및 제29조 및 시행령 제30조
22	불완전하거나 부정확한 개인정보를 수정하기 위한 체계	O	법 제4조, 제29조, 제32조, 제36조
23	불완전하거나 부정확한 정보가 전송된 결과 사용 및 수정의 목적에 영향을 미치는 경우, 이의 수정에 관하여 정보처리자, 또는 개인정보를 전송받은 다른 서비스 제공자와 교신	△	법 제4조, 제29조, 제32조, 제36조
24	불완전하거나 부정확한 정보가 공개된 결과 사용 및 수정의 목적에 영향을 미치는 경우, 이의 수정에 관하여 개인정보를 공개받은 제3자와 교신	△	
25	정보처리자, 다른 서비스 제공자 등이 정보가 불완전하거나 부정확함을 알게 된 경우 이를 통지하도록 요청	△	

FTA의 확대로 인해 국가 간 무역과 교류가 증가하고 있고 정보시스템의 고도화로 인해 개인정보 국외이전에 대한 논의는 과거 어느 때보다 활발하게 진행되고 있다. 그럼에도 불구하고 국내에서의 개인정보 국외이전에 대한 논의는 초보적인 수준이라 할 수 있으며 특히 관련 제도적인 장치 마련에는 선진국이나 국제기구의 활동에 비해 다소 미온적인 태도로 여겨져 온 것은 IT 강국으로서의 바람직한 모습은 아닐 것이다.

자국민의 개인정보보호를 위한 조치로서의 기능뿐만 아니라 국가 간 개인정보보호 체계의 상호 운용성 확보의 측면에서 볼 때, 그간 국제기구 등에서 논의되어온 개인정보 국외이전에 대한 주요 원칙과

규칙 등에 따라 국내실정에 적합한 정책방향 설정이 필요한 시점이다. 특히 APEC에서는 그간의 EU 중심의 적합성 기반의 접근방식에서 탈피하여 새로운 국외이전의 이행방안으로써 CBPRs의 이행논의가 대두되고 있으며 본 사항에 대한 검토 결과 국내에서의 적용가능성도 매우 높은 것으로 나타났다. 이는 개인정보 보호법의 준수 기준이 타 국가에 비해 매우 엄격한 규정으로 제시하고 있음에 근본적인 이유가 있겠지만 반면에 국제적 이행을 통해 개인정보보호 선진국가로서의 리더십을 제고할 수 있는 기회로 삼을 수 있을 것이다.

APEC CBPRs의 효율적 이행을 위한 정책적 과제를 제시하면 다음과 같다.

첫째, CBPRs의 이행에 대한 평가를 충분히 수행할 수 있는 법률적 보완이 필요하다. 특히 정보 무결성에 있어 정보 주체와 개인정보처리자 및 제3자 제공자 등과의 커뮤니케이션 채널이나 교시시스템을 구축하도록 하는 의무사항을 개인정보 보호법 또는 동법 시행령의 개정작업을 통하여 포함힐 필요가 있다.

둘째, CBPRs의 효과적인 이행을 위하여 우리나라의 개인정보보호 실정에 맞춘 계획수립과 이행이 필요하다. UN 글로벌 전자정부지수 연속 2위라는 위업이 말해주듯 한국의 IT 수준은 매우 높은 것이 사실이나 그 이면에 존재하는 역기능 또한 다른 국가에서는 쉽게 찾아볼 수 없을 만큼 다양하게 나타나고 있다. 따라서 개인정보보호를 위한 글로벌 인증체계를 도입함에 있어서 우리의 정보기술환경에 잘 어우러질 수 있는 전략수립이 필요하다 하겠다.

셋째, 글로벌 개인정보보호 인증 전문가를 지속적으로 양성해나가야 하겠다. APEC CBPRs의 이행에 대한 제도적 인프라를 확충해나감과 동시에 관리적 인프라를 확충하고 이를 위한 전문인력 양성에 지속적인 노력을 기울여야 할 것이다.

끝으로, 국제기구 등과의 지속적인 연계체제가 이루어져야 할 것이다. 여러 국제기구에서 개인정보 국외이전에 대한 논의가 지속되어 왔으나 한국의 활동은 높은 IT 기술에도 불구하고 적극적이지 못한 것이 사실이다. 개인정보 국외이전에 대한 문제는 국가 간 협력이나 국제기구의 노력 없이 국가 혼자서 해결할 수 있는 사항은 아니므로 국제적 활동에 대한 리더십을 보다 향상시켜 나갈 필요가 있다.

참고문헌

구태언(2011), "개인정보유출과 위기대응 연구."
박성욱 외 1명(2004), "해외 정보보호정책 동향", 전자통신동향분석, 제19권 제2호.
박훤일(2002), "EU 개인정보보호지침의 역외적용."
변순정(2006), "APEC ECSG 개인정보보호 논의 동향, APEC Privacy Framework 제정을 중심으로", 한국정보보호진흥원.
백의선 외 2명(2000), "국가 간 개인정보 유통에 관한 정책 연구", 한국정보보호센터.
신영진(2011), "개인정보의 국제이동에 따른 개인정보보호방안에 관한 연구."
이민영(2005), "개인정보법제론", 진한 M&B.
이용규(2006) 외 4인, "개인정보 국외이전 관련 국가 간 협력방안 연구", 한국정보보호진흥원.
조화순(2004), "초국가네트워크의 개인정보: 국가 간 갈등의 사례와 현황분석", 정보화정책 이슈 04-정책-01.
행정안전부(2010), "개인정보보호 국제협력 추진방안 연구", 개인정보보호 대책 T/F 국제협력 분과.
APEC(2011), "APEC CBPR System-Accountability Agent Recognition Criteria."
APEC(2012), "APEC CBPR System-Policies, Rules and Guidelines."
APEC(2012), "CBPRs and BCRs: An Overview and Comparison."

Blair Steward(2011), "Developments in International Organisations; What's up in APEC?",
　　　Current Developments in Privacy Frameworks; Towards Global Interoperability.
Damon Greer(2007), "The U. S.-E. U. Safe Harbor Framework; Cross Border Data Flows,
　　　Data Protection, and Privacy."
Patrick Sefton(2011), "Cross-border Data Flows and Privacy Reform", Brightline Lawyers.

[부록] APEC CBPRs 세부 요구사항에 대한 이행가능 여부

문항	CBPRs 요구사항	이행가능 여부	법률적 근거 (개인정보 보호법)
1	개인보호정책 및 집행에 관한 처리방침의 명확성 및 접근 용이성 - 정보의 수집방법 규정 - 개인정보의 수집목적 고지 - 개인정보의 제3자 제공 및 처리목적 규정 - 책임기관의 연락처 정보 - 개인정보의 사용 및 공개에 관한 정책 규정 - 개인의 정보 열람, 정정 및 삭제 규정	O	법 제4조, 제15조, 제17조, 제35조, 제36조, 시행령 제31조 및 표준 개인정보 처리지침
2	개인정보 수집 시 수집되고 있음을 고지	O	법 제15조 제2항
3	개인정보 수집 시 개인정보 수집목적 고지	O	법 제15조 제2항
4	개인정보 수집 시 제3자와의 공유 고지	O	법 제17조
5	개인정보 획득 방법	O	법 제15조
6	목적달성을 위한 개인정보의 수집으로 제한	O	법 제16조
7	개인정보수집 방법의 합법성 및 공정성	O	법 제16조
8	정책상 명시된 바에 따른 개인정보의 이용 제한	O	
9	8번 질문에 대한 답변이 no일 경우, 수집된 정보를 어떠한 여건 하에서 다른 목적으로 사용하는가?	O	법 제18조
9. a	개인의 명시적 동의 or 법령에 따른 동의	O	
9. b	법령에 따른 동의	O	
10	수집한 개인정보의 공개	O	
11	수집한 개인정보를 개인정보처리자에게 전송	O	
12	10번과 11번 질문에 대한 답변이 yes일 경우, 이러한 공개와 전송의 원래 목적 규정	O	법 제18조
13	12번에 대한 답변이 no일 경우, 다음 중 어떠한 여건 하에서 공개와 전송이 이루어지는가 (명시적 동의 or 개인의 요청 or 관련법령)	O	
14	개인정보의 수집에 대하여 개인이 선택할 수 있는 체계 제공	O	
15	개인정보의 사용에 대하여 개인이 선택할 수 있는 체계 제공	O	법 제4조, 제15조, 제17조
16	개인정보의 공개에 대하여 개인이 선택할 수 있는 체계 제공	O	
17	정보의 수집, 사용 및 공개에 관한 선택은 명시적이고 뚜렷한 방법으로 제공	O	

문항	CBPRs 요구사항	이행가능 여부	법률적 근거 (개인정보 보호법)
18	정보의 수집, 사용 및 공개에 관한 선택을 명확 하고 쉽게 이해 가능한 방법으로 설명	O	법 제4조, 제15조, 제17조
19	정보의 수집, 사용 및 공개에 관한 선택의 접 근 용이성	O	
21	사용 목적상 필요한 범위 내에서, 개인정보 현행화를 위한 조치	△	법 제3조 및 제29조 및 시행 령 제30조
22	불완전하거나 부정확한 개인정보를 수정하기 위한 체계	O	법 제4조, 제29조, 제32조, 제 36조
23	불완전하거나 부정확한 정보가 전송된 결과 사용 및 수정의 목적에 영향을 미치는 경우, 이의 수정에 관하여 정보처리자 또는 개인정 보를 전송받은 다른 서비스 제공자와 교신	△	
24	불완전하거나 부정확한 정보가 공개된 결과 사용 및 수정의 목적에 영향을 미치는 경우, 이의 수정에 관하여 개인정보를 공개받은 제3 자와 교신	△	법 제30조 및 제31조
25	정보처리자, 다른 서비스 제공자 등이 정보가 불완전하거나 부정확함을 알게 된 경우 이를 통지하도록 요청	△	
25	정보처리자, 다른 서비스 제공자 등이 정보가 불완전하거나 부정확함을 알게 된 경우 이를 통지하도록 요청	O	
26	정보보안정책의 시행	O	
27	개인정보보호를 위한 물리적, 기술적, 행정적 조치	O	법 제29조, 시행령 제30조, 안전성확보조치고시
28	27번 조치의 정보의 민감도, 위험의 중대성 및 발생가능성에 따른 비례성	O	
29	임직원들에게 개인정보 보안유지의 필요성 인지	O	법 제31조
30	정보의 민감도, 위험의 중대성 및 발생가능성 에 비례한 조치 시행 경험	O	법 제29조 및 시행령 제30조
31	개인정보 파기에 관한 정책 실행	O	법 제21조
32	공격, 침입 등 보안문제에 대한 조사, 방지 조 치 실행	O	법 제29조 및 시행령 제30조
33	32번 문제에 대한 조치의 효과성 검증을 위한 절차	O	법 제33조
34	리스크 평가 또는 제3자 인증을 활용	O	

문항	CBPRs 요구사항	이행가능 여부	법률적 근거 (개인정보 보호법)
35	정보처리자, 개인정보를 전송받은 서비스제공자 등에게 정보의 손실, 권한 없는 접근, 파괴, 사용, 변경 및 공개를 보호하도록 요구	O	법 제26조, 법 제27조
36	개인의 요청에 따라 개인정보의 보유 여부 확인	O	법 제4조 및 제35조, 제38조, 시행령 제47조
37	개인에게 개인정보에 대한 접근 제공	O	
38	정보의 정확성에 대한 개인의 문제제기 수령, 변경·개정 및 삭제요청 수령	O	법 제4조, 제36조
39	APEC 정보 프라이버시 원칙준수를 보장하기 위해 취하는 조치(항목체크) o 내부 가이드라인 또는 정책(집행방법 서술) o 계약 o 법령의 준수 o 행동강령 등에 의한 자율규제 o 기타	O	법 제14조
40	프라이버시 원칙준수에 관한 담당자 지정	O	법 제31조
41	프라이버시 관련한 불만을 수령하고 조사하는 절차	O	법 제4조, 제35조, 제36조
42	불만 접수 후 지체 없는 답변을 위한 절차	O	
43	42번 절차가 존재하는 경우, 답변에 불만과 관련한 구제조치에 대한 설명이 포함	O	
44	프라이버시 관련 민원 답변 방법을 포함한 프라이버시 정책 및 절차에 관한 임직원 훈련 절차	O	법 제31조
45	개인정보의 공개를 요하는 사법부 또는 행정부의 소환, 영장, 명령에 대한 절차 보유	O	법 제18조 제2항
46	개인정보처리자, 대리인, 계약자 등을 대신하여 개인정보를 다루는 서비스 제공자가 처리자의 의무를 이행하도록 보장하는 체계 마련 여부(항목 체크) o 내부 가이드라인 및 정책 o 계약 o 법령의 준수 o 행동강령 등 자율규제 o 기타	O	법 제26조, 법 제27조

문항	CBPRs 요구사항	이행가능 여부	법률적 근거 (개인정보 보호법)
47	상기 협약으로 개인정보처리자, 대리인, 계약자, 다른 서비스 제공자가 다음을 행할 것에 대한 의무화 여부 o 개인정보보호 정책상 언급된 APEC 프라이버시 정책의 준수 o 정책상 언급된 바에 따라 책임기관의 정책과 실질적으로 유사한 프라이버시 정책의 실시 o 개인정보를 처리하는 방법에 관한 책임기관의 지시 준수 o 책임기관의 동의가 없는 한 하도급 계약 제한 o APEC 책임기관이 인증한 CBPRs의 보유 o 개인정보보호 위반 사례 발생 시 책임기관에 통지 o 기타	△	법 제26조, 법 제27조
48	개인정보처리자, 대리인, 계약자, 서비스제공자 등 자체평가 요청 여부	O	법 제33조, 제13조
49	준수사항에 대한 정기적 확인 및 모니터링 여부	O	
50	정보를 제공받는 자가 APEC CBPR의 준수를 보장하기 위한 합리적인 단계와 신의성실을 갖추는 것이 비현실적이거나 불가능한 경우, 그러한 자에게도 개인정보를 공개하는가?	-	해당사항 없음

VII

글로벌 기업의 개인정보 사고에 대한 각국의 규제방식 비교

요약

EU, 미국, 한국 등은 모두 다른 개인정보보호 체계를 가지고 있다. EU는 자국민 보호를 위해 상대적으로 강력한 개인정보보호 제도를 가지고 있고, 미국은 구글과 애플 같은 자국의 기업보호를 위해 약한 수준의 개인정보보호 제도를 가지고 있는 것으로 알려져 왔다. 한국에 대한 연구는 거의 이루어지지 않고 있다.

최근 들어 구글 스트리트뷰 서비스의 Wi-Fi 이용자 통신내역수집과 애플 iOS4 단말기의 위치정보 평문 저장이 글로벌 이슈로 등장했다. 글로벌 수준의 개인정보 보호 규제 측면에서 보면, 이 두 글로벌 기업에 의해 발생한 개인정보 보호 문제는 동일 이슈에 대해 세계 각국의 규제 기구들의 대응 방식을 비교할 수 있는 좋은 사례가 될 수 있다. 따라서 본 고에서는 구글과 애플 사례에 대해 개인정보 보호 측면에서 시사할만한 위치를 점하고 있는 EU, 미국, 한국이 각기 어떠한 규제행태를 보였는지를 분석하고자 했다.

EU는 구글과 애플이 EU의 법률을 위반했는지와 EU의 법률에 적용 대상이 되는지에 대해 지속적으로 관찰하고 구글이나 애플이 EU의 개인정보보호 규정을 위반했다고 판단되는 경우 강력하게 규제하는 모습을 보였다. 반면 미국의 경우 구글이나 애플을 규제하기보다는 두 글로벌 기업을 보호하는 듯한 태도를 보였고, 일부 법률이 미비한 부분에 대해서는 개선하려는 모습을 나타냈다. 마지막으로 한국의 경우는 사건이 발생한 당시만 하더라도 개별법에 따라 개인정보가 강력하게 보호되고 있었고 정보통신 관련한 규제가 심한 국가적 특성 상 주무부처인 방송통신위원회와 경찰이 관련 법률에 따라 EU보다 강력히 규제하는 모습을 나타냈다.

　이 보고서는 EU, 미국, 한국의 개인정보보호 제도와 각국의 개인정 보 규제행태를 실증적으로 분석했다는 것에 의의가 있다. 그러나 최 근의 사례 2건만을 분석한 것으로 본 보고서에서 주장하는 바를 일반 화하기에는 일부 어려움이 있어 보인다.

개인정보보호는 각 국가마다 다른 특성을 가지고 있는 역사적 산물이다. EU는 개인정보보호를 기본적 인권(Fundamental Human Rights) 차원에서 다루고 있다. 식별가능한 개인정보를 보호대상으로 하고, 개인정보의 수집에서 파기까지의 단계들로 규제하고 있으며, 개인정보의 고결성(sanctity) 유지를 최우선적으로 고려하고 있다. 반면 미국은 개인정보를 프라이버시 보호의 한 분야로 인식하고 있다. 따라서 개인정보의 부정한 취급 및 노출 등으로 인한 개인의 프라이버시 피해구제를 목적으로 하고 있다(Michael, 1996). 한국의 경우는 대체적으로 EU 방식에 따라 규제하고 있으며, 그 근간을 타인이 보유하고 있는 자기 자신의 정보에 대한 제3자에게 제공 및 개인정보 수집·열람·파기 등을 포함한 자기정보 결정권 또는 통제권에서 찾고 있다(백윤철, 2002).

정보통신의 발달로 글로벌 비즈니스가 증가하면서 세계 각국은 개인정보보호 수준차이에 따른 문제가 발생하고 있다. 이를 극복하기 위해 EU와 미국은 세이프 하버 원칙(Safe Harbor Principal)을 도입하여 이를 극복한 사례가 있다. 그러나 이후 인터넷과 스마트폰이 활성화되고 전자상거래가 보편화되면서 전 세계 기업들은 더 많은 개인정보들을 유통 및 이용하고 있지만 세이프 하버 규정이 도입된 이후 이들 기업들을 규제하는 세계 각국의 개인정보보호 규제 및 규제기구들의 규제특성들에 대한 연구들은 거의 이루어지지 않아 왔다.

최근 연이어 발생한 구글 스트리트뷰 서비스의 Wi-Fi 이용자 통신내역수집 문제와 애플 iOS4 단말기의 위치정보 평문 저장 이슈는 국가별 개인정보보호 규제기구들의 규제특성을 파악하는 데 우리에게 시사하는 바가 크다. 구글의 스트리트뷰 서비스는 전 세계 47개국에 도시 및 시골의 전경, 박물관 사진을 2D 또는 3D로 제공해주고 있다. 구글은 이 서비스 제공을 위해 'Probe car'라고 하는 카메라가 장착된 차량을 이용해 전 세계 주요 도시의 거리사진을 찍으면서 구글 안드로이드폰에서 위치정보 향상을 목적으로 Wi-Fi AP(Access Point) 정보를 같이 수집했다. 그러나 Wi-Fi AP를 수집하면서 암호화하지 않은 이메일, 비디오 다운로드, 웹사이트 페이지 등을 고지 또는 동의 없이 수집해 세계 각국의 개인정보보호 규제기구들로부터 개인정보법 및 통신비밀 관련법 등을 위반했다는 문제에 직면하게 됐다(Chapman, 2010; William, 2011). 애플의 경우 애플 스마트폰에 탑재되는 OS(Operating System)인 iOS를 배포하면서 위치정보를 암호화 없이 평문으로 저장하여, 분실할 경우 제3자에게 개인의 위치정보가 노출될 수 있다는 이슈가 발생한 사례가 있다.

　이들 두 사례에 대해 전 세계 각국에서 개인정보 또는 프라이버시 침해 이슈를 제기했다. 그러나 각국마다 보유하고 있는 규제제도가 상이하여 각기 다른 규제방식을 취했다. 이번 글에서는 개인정보보호를 위한 규제방식이 다른 전 세계 주요국들이 이들 두 개의 사건에 대해 어떠한 규제행태를 보이는지를 살펴보고자 한다.

세계 각국의 개인정보보호 제도의 특징

개인정보보호 제도는 EU와 미국을 중심으로 발전해 왔다. EU는 개인정보를 기본권(fundamental rights)으로 간주하여 보호하고 있다. 규제에 있어서도 개인정보의 처리 기준, 방법, 절차 등을 구체적으로 정하고 있으며, 개인정보 주체의 권리보장, 피해구제, 규제기구에 의한 관리 및 감독까지 세부적인 사항을 정하여 민간과 공공을 규제하고 있다. EU의 규제는 선제적이며 사전적이라 할 수 있다. 유럽의 개인정보보호 제도는 현재 EU 회원국 외에도 캐나다, 호주, 뉴질랜드, 홍콩, 일본 등 대부분의 국가들이 도입하여 사용하고 있다. 미국은 개인정보를 프라이버시 보호의 한 측면으로 이해하고 있다. 프라이버시 보호도 정부로부터의 보호를 주로

의미하며 민간에 있어서는 최소한의 보호를 원칙으로 사후적으로 규제하고 있다. 따라서 미국의 경우 개인정보보호는 업계 자율에 맡기고 있고, 많은 경우에 개별회사의 개인정보보호 방침에 따르도록 하고 있다. 또한 정부의 규제는 금융, 의료, 통신 등 특정영역에서 제한적으로 행해지고 있다(Formholz, 2000). 한국의 경우는 정치 경제적으로는 미국의 영향력을 받고 있으며 미국과 같이 글로벌 IT 기업들이 존재한다. 국내에 한정되어 있지만 IT 서비스들이 높은 경쟁력을 가지고 있는 등 미국과 유사한 규제상황을 가지고 있다. 반면 EU와 같은 개인정보보호 규제제도를 운영하고 있다는 특징이 있다. <표 1>은 위에서 언급한 3개 국가 및 기구의 개인정보 규제제도를 정리한 것이다.

<표 1> EU 미국 한국의 개인정보보호 환경

세부구분	EU	미국	한국
규제방식	법적 규제	산업별, 기업별 자율 규제	법적 규제
법률형태	일반법	개별법	일반법
정보주체 권리	적극적	소극적	적극적
위반 시 벌칙	형사법	민사법	형사법

1) EU의 개인정보보호 제도

1970년대 이후 컴퓨터의 이용확대와 이에 따른 개인정보 처리증가 등 정보화가 촉진되고 국제화가 시작되면서 EU 국가 외부로의 개인정보 이전 가능성이 증가했다. 이에 따라 유럽은 회원국들 간의 다양한 논의의 결과 1981년에 Council of Europe's Convention(108) for the Protection of Individuals with Regard to Automatic Processing of Personal Data(Strasbourg, 28. 1. 1981)를 마련한 데 이어 EU 개인정보의 근간을 이루는 EU 개인정보보호지침을 제정하게 됐다.

유럽 개인정보보호 규정의 근간이 되는 EU 개인정보보호지침은 공공부문과 민간부문에서 개인정보가 자동 및 수동으로 처리되는 것에 적용된다. 개인정보란 또한 자연인을 직접 또는 간접적으로 식별 가능한 모든 개인정보(Personal Data)를 말한다. 자동으로 처리되지 않고 수동으로 처리되는 개인정보가 파일링시스템의 일부를 구성하는 경우에는 수동 처리된 개인정보에도 적용된다. 또한 이 지침은 개인정보를 보호하기 위한 적절한 보호조치 의무를 규정하는 한편 개인정보가 EU 수준으로 적절하게 보호되지 않는 나라로의 개인정보 이전을 금하고 있다. 이 지침은 유럽 연맹에 가입한 27개 회원국과 유럽 경제지역에 적용된다. 또한 유럽 연합은 아니지만 캐나다, 아르헨티나, 스위스, 영국령인 Guernsey, Isle of MAN에도 적용된다. EU의 개인정보 관련 법제는 <표 2>에 나타난 바와 같다.

〈표 2〉 유럽연합의 개인정보 보호법제(1997)

구분	내용
Directives	전자통신 분야에서의 개인정보 처리 및 프라이버시 보호에 관한 지침(2002)
	전자통신 서비스 또는 공중통신 네트워크의 제공과 관련하여 생성·데이터의 보유 및 2002년 지침의 개정에 관한 지침(2006)
	전기통신 분야에서의 개인정보의 처리 및 프라이버시 보호에 관한 지침(1997)
	개인정보의 처리에 관한 개인보호 및 개인정보의 자유로운 이전에 관한 지침(1995)
Convention	개인정보의 자동처리에 관한 개인보호 협약(1981)
Decision	미국 세관에 전송된 항공여행자의 이름에 포함된 개인정보의 적절한 보호에 관한 결정(2004)
	개인정보의 제3국 이전을 위한 표준계약 조항의 도입에 관한 2001년 결정의 수정에 관한 결정(2004)
Recommendation	고용목적으로 사용되는 개인정보의 보호에 관한 권고(1989)
	의료정보의 보호에 관한 권고(1997)

출처: 한국정보보호진흥원, 주요국가의 개인정보보호 동향 조사, 2009.

그러나 EU의 개인정보보호 제도는 개인정보를 보호의 대상만으로 보고 있지는 않다. 이는 EU 개인정보보호지침의 서문에 잘 나타나 있다. 서문에서는 마스트리히트 Treaty의 정신에 따라 유럽 역내에서의 시장의 형성과 기능을 위해 물품, 인력, 서비스와 자본이 자유롭게 유통되어야 한다고 되어 있고, 개인정보도 이러한 관점에서 바라보고 있다. EU가 개인정보를 보호의 대상만으로 보고 있지 않은 이유는 EU가 EU 회원국들 간의 자유로운 상품과 서비스의 유통을 근간으로 하고 있기 때문이다.

2) 미국의 개인정보보호 제도

EU의 개인정보보호가 기본권 차원에서 독립된 영역으로 간주되는 것에 비해 미국의 개인정보 보호법은 프라이버시 보호를 기반으로 하고 있다. 법률의 체계 또한 역사적인 이유에 따라 일반법이 아닌 개인정보보호가 필요한 부분에 제한적으로 적용하는 개별법적 접근법을 취하고 있다. 또한 EU가 사전적으로 개인정보를 규제하는 것에 반해 미국은 사후적인 금지청구와 손해배상청구 등 민사법적 영역에서 다루고 있다.

미국의 개인정보보호 법제는 개인정보 자기결정권보다는 정보이용의 효율성을 더욱 주요한 요소로 평가하고 있다. 이는 역사적 관점에서 시장자유주의를 신봉하는 미국이 개인정보보호에 대해서도 시장주의적 관점을 견지하고 있기 때문으로 보인다. 미국적 관점에서는 설령 개인정보처리자(Data Controller)가 개인정보 주체(Data Subject)의 동의 없이 개인정보를 수집했다 하더라도 불법적으로 수집한 것이 아니거나 개인정보 주체가 명시적으로 수집에 대한 거부의사(Opt Out)를 밝히지 않는 이상 해당 개인정보에 대한 사용 권리는 개인정보처리자가 가진다고 간주되고 있다. 미국의 법률은 각 분야에서 필요성이 제기될 때마다 해당 사안에 맞는 개별법을 제정하는 방식을 취하고 있어 미국의 입법방식은 사회적 변화나 기술의 발달에 따른 개별 법적 접근과 대응이 용이한 반면 특정 분야에 한정되어 해당 분야의 관련업계나 이익단체의 영향을 받기 쉬운 단점이 존재한다(한국인터넷진흥원, 2011). 미국의 주요 개인정보보호 법률은 <표 3>과 같다.

<표 3> 미국의 주요 개인정보 관련 법률

구분	공공부문	민간부문
일반법	Privacy Act of 1974	-
개별법	Freedom of Information Act(1966) E-Government Act of 2002 Security Breach Notification Law	Fair Credit reporting Act(1970) Family Educational Rights and Privacy Act of 1974 Telephone Records and Privacy Protection Act of 2006(2007) Higher Education Opportunity Act(2008) Veterans' Benefits Improvement Act of 2008

출처: 한국정보보호진흥원(2009), p.28, p.31 일부 수정.

3) 한국의 개인정보보호 제도

한국의 개인정보제도는 1991년 5월 '전산 처리되는 개인정보를 위한 관리 지침'(국무총리훈령 제250호)을 만들고 시행해오다 공공부문에서 '공공기관의 개인정보보호에 관한 법률', '공공기관의 정보공개에 관한 법률'을 민간부문에서 '신용정보의 이용 및 보호에 관한 법률', '정보통신망 이용촉진 및 정보보호 등에 관한 법률' 등을 만들어 시행해오고 있다. '공공기관의 개인정보보호 등에 관한 법률'은 OECD

가이드라인의 일반원칙을 그대로 수용하였고, '정보통신망 이용촉진 및 정보보호 등에 관한 법률'은 OECD의 개인정보보호 원칙에 맞춰 정보통신서비스 이용자들의 동의에 기초한 적절한 개인정보의 수집·이용·처리·제공 및 이용자의 권리 보장 등을 규정하고 있다(Baek, 2002).

한국에서의 개인정보보호의 특징은 OECD의 원칙과 EU식 규제를 선호하면서도 개별 법률에 따라 개인정보보호가 이루어져 왔다는 것이다. 이것은 개인정보보호 제도를 공공과 민간에 도입하면서 관료조직의 이해관계와 관할권 문제 때문에 개인정보를 공공분야에서 우선 도입하고 민간분야에서 개별적으로 도입했기 때문이다. 개인정보보호가 산별적으로 존재하던 한국의 개인정보보호 규정은 한-EU FTA를 대비해 2011년에 '개인정보 보호법'이 제정되면서 EU식 규제제도를 갖추게 됐다.

구글의 스트리트뷰 Wi-Fi 개인정보수집

2007년 5월 25일부터 구글은 전 세계 지도를 보여주는 구글맵 서비스를 제공하면서 전 세계 47개 국의 주요 도시와 시골의 전경 또는 박물관의 내부모습 등을 2D 또는 3D로 보여주는 서비스를 제공해오고 있다. <그림 1>과 같 이 구글은 이 서비스를 시작하면서부터 사진을 찍는 차량에 Wi-Fi용 안테나를 같이 설치해서 차량 주변의 Wi-Fi AP를 수집해 왔다. 구글의 Wi-Fi AP 수집 이슈는 2010년 4월 23일 독일의 개인 정보보호 감독기구에 의해 처음으로 제기됐다. 문제가 된 것은 Wi-Fi의 기술적 특성상 공공장소에서 수집이 가능한 Wi-Fi AP 신 호정보 외에 암호화가 되지 않은 AP의 페이로드 부분까지 수집

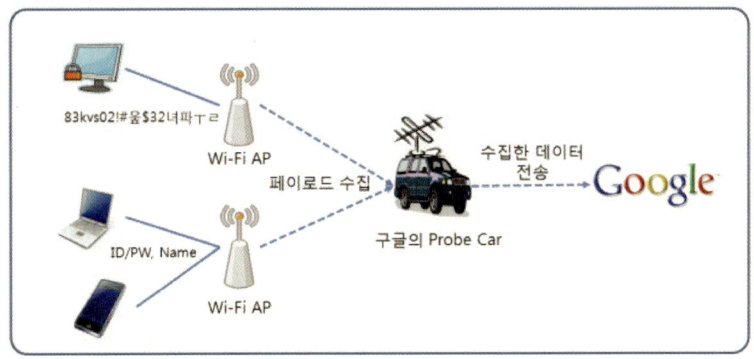

〈그림 1〉 구글 스트리트뷰의 Wi-Fi 페이로드 수집

했다는 것이다. 페이로드는 통신 내용이 들어 있는 곳으로 이용
자의 개인정보가 이 부분에 포함되어 서버 등에 전송된다. 이로
인해 구글은 이용자의 동의 없이 개인정보를 수집했다는 비난에
직면하게 됐고, 구글은 이를 인정하고 공식적인 사과를 해야 하
는 사태까지 발생했다(McGee, 2010). 현재 전 세계 각국의 개인정
보보호 기구 및 경찰 등의 수사기관에서는 구글의 Wi-Fi 이용자
개인정보 수집문제에 대해 조사를 마쳤거나 조사 중에 있다.

1) EU의 대응

구글의 Wi-Fi AP 정보수집 중 발생한 페이로드 부분의 수집에 대해
EU 차원의 문제제기는 없었지만 EU 개별 회원국의 대응사례를 보면
EU의 규제특성을 파악할 수 있다. EU 회원국인 독일은 세계에서 최
초로 구글의 문제를 이슈화하고 구글이 개인정보를 수집하고 있다는
사실을 밝혔다. 2010년 4월 독일의 개인정보 감독기구는 구글이 스트

리트뷰 촬영용 자동차를 운행하면서 Wi-Fi의 페이로드 부분을 수집하고 있다고 지적했다. 이에 대해 구글은 처음에는 페이로드 부분을 수집하지 않았다고 밝혔지만 독일의 개인정보 감독기구가 계속 문제를 지적하자 2010년 5월 7일 스트리트뷰 촬영용 차량을 운행하면서 Wi-Fi의 페이로드 부분도 수집했다고 인정했다.

독일의 개인정보 감독기구가 구글의 문제점을 밝혀낸 이후 EU 회원국들 중 영국, 스페인, 프랑스, 덴마크, 오스트리아, 아일랜드, 네덜란드 등이 구글에 문제를 제기했다. 이들 국가의 개인정보 감독기구는 자국에서 수집한 Wi-Fi 페이로드를 삭제할 것을 요구했다. 그러나 프랑스의 경우는 구글에 대해 100,000유로의 벌금을 부과하는 등 강력히 대응했다. 구글 스트리트뷰 이슈에 대한 EU의 국가별 규제현황은 <표 4>를 참고하기 바란다.

〈표 4〉 구글 스트리트뷰의 Wi-Fi 페이로드 수집 관련 EU 국가 규제현황

국가	서비스 개시시기	행정/형사처분	규제내용
오스트리아	2010년 5월	-	-
벨기에	2011년 4월	-	-
체코	2010년 5월	-	-
덴마크	-	-	데이터 삭제
프랑스	2010년 5월	100,000유로	-
독일	2010년 5월	-	-
헝가리	2010년 6월	-	-
아일랜드	-	-	데이터 삭제
이탈리아	2010년 10월	-	-
네덜란드	2010년 5월	-	조사 중
스페인	2010년 5월	-	조사 중
영국	2010년 10월	-	데이터 삭제

출처: Matt McGee 자료 일부 수정.

2) 미국의 대응

 미국은 구글 스트리트뷰 Wi-Fi 페이로드 수집 이슈에 대해 크게 연
방거래위원회(Federal Trade Commission, 이하 FTC)와 연방통신위원회
(Federal Communications Commission, 이하 FCC)에서 규제했다. FTC는
구글이 Wi-Fi 페이로드를 수집한 것이 문제가 되자 조사에 착수했다.
조사의 결과로 구글은 2010년 10월 잘못 수집한 Wi-Fi 페이로드를 더
이상 수집하지 않도록 했으며 해당 직원을 교체하고 내부 직원에 대
한 교육을 강화하는 등 자체적인 조치를 취하기로 했다. FTC는 구글
의 조치를 높게 평가하여 더 이상 구글에 대해 법적 조치를 취하지
않는 것으로 결정을 내렸다. FCC의 경우는 구글을 조사하려 했지만
구글이 조사에 협조하지 않자 2만 5천 달러의 벌금을 부과하기는 했
지만 Wi-Fi의 페이로드가 평문이었고 암호문을 해독한 것은 아니기
때문에 위법은 아니라는 결론을 내렸다. 이에 대해서 미국의 컨슈머
워치독과 같은 소비자 단체들은 정부가 구글에 면죄부를 준 것이라
고 강력히 반발했다. 그러나 미국의 구글에 대한 태도는 크게 바뀌지
않았다. 특히 미국의 FCC의 경우 구글에 대해 정확히 조사하지도 않
았음에도 불법이 아니라고 한 점은 미국이 자국의 글로벌 기업에 대
해 가지고 있는 규제 태도를 대변해주는 좋은 사례라 할 수 있다.
 구글의 Wi-Fi 페이로드 수집에 대해 2011년 5월 상원 청문회에서는
구글이 2008년에 무선 라우터의 위치를 인식하는 프로세스에 대한 특
허가 보안이 되지 않은 무선 네트워크를 통하여 송신되는 데이터에
대해서 명시하고 있으며, 애플, 구글과 같은 회사가 데이터를 수집,
저장 및 사용하는 데 소비자의 동의와 합의를 먼저 얻어야 함에 따라

구글이 데이터 수집차량으로 이메일, 패스워드, 브라우징 기록 등의 개인정보를 수집한 것은 고의적이었다는 의견이 제시되기도 했다. 그러나 구글의 Wi-Fi 페이로드 수집과 관련해서 법률 발의 등 입법부 차원에서의 조직적인 대응은 없었다.

위의 조사들 외에, 캘리포니아 연방법원에서 집단소송 여덟 건이 제기 중이고 앞으로 더 많은 소송들이 있으리라 예상된다.

3) 한국의 대응

한국에서는 2010년 6월 8일 방송통신위원회가 구글의 이슈에 대해 처음으로 대응했다. 이는 한국의 방송통신위원회가 조사를 먼저 실시를 한 것이 아니라 구글이 먼저 자사의 문제에 대해 한국 정부에 해결방법을 물어오는 형식으로 진행이 됐다는 것이 특이점이다. 방송통신위원회는 조사를 위해 구글에 8개 항의 질의서를 보냈다. 질의서의 주요 내용은 구글이 스크리트뷰 서비스를 위해 차량을 이용해 찍은 정보의 하드디스크를 열람하도록 협조하라는 것이었다. 그러나 방송통신위원회의 조사는 한국 경찰이 2010년 8월 11일 구글 한국 지사를 압수 수색함에 따라 중단됐다.

한국 경찰은 구글이 스트리트뷰를 만들면서 정보를 수집하는 과정에서 개인정보를 무단 수집하고, 통신비밀보호법을 위반한 혐의가 있다고 보았다. 한국 경찰은 2011년 1월에 수사결과 세계 최초로 구글이 이메일과 메신저 송수신 내용, ID/PW, 인적사항, 위치정보 등을 수집했다는 것을 수사를 통해 밝혀냈으며, 2011년 10월 20일에는 구글의 개발자 소환을 구글 본사에 요구했다.

04
애플의 위치정보 평문 저장 이슈

애플의 IOS는 아이폰과 아이팟터
치, 아이패드에 내장되어 있는 모바일 운영체제이다. 이번에 문제가
된 IOS4는 2010년 6월 21일 출시되었다. 새로 출시된 아이폰과 아이
패드의 iOS 4는 위치정보의 정확도 향상과 제공시간 단축을 위해 아
이폰 등이 접속한 주변의 이동통신 기지국과 Wi-Fi AP의 위치정보를
1초 단위로 단말기에 저장했다. 이 정보는 <그림 2>와 같이 IOS 4의
Consolidated.db라는 파일명의 SQLite 데이터베이스 파일에 저장되어
있으며, 아이폰 등을 가지고 있으면 접근제어 없이 해당 파일을 열어
보거나 i-TUNES와 연동 시 PC에 해당 파일을 저장할 수 있다. 이 사
건은 2011년 4월 20일 미국 샌프란시스코에서 열린 Where 2.0 conference

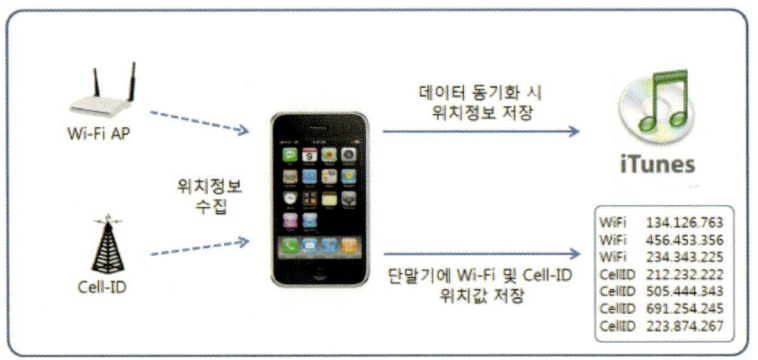

〈그림 2〉 애플 IOS 4 단말기의 위치정보 저장 및 백업

에서 영국의 프로그래머 알래스데어 앨런(Alasdair Allan)과 피트 워든
(Pete Warden)이 아이폰과 아이패드에 시간에 따른 사용자 위치정보가
규칙적으로 기록된 consolidated.db 파일이 저장되어 있다고 밝히면서
문제가 됐다. 특히 아이폰 등에 저장된 위치정보는 암호화하지 않은
채 1년 이상 저장되어 있고 접근통제도 되어 있지 않아 문제가 된다
고 지적했다(Allan, 2012).

이 사건은 IOS 4를 탑재한 전 세계 모든 애플의 아이폰과 아이패드
에 동일하게 발생한 사건이다. 따라서 세계 각국은 애플의 이 사건에
대해 많은 관심을 보였고 특히 개인정보보호 관점에서 세계의 개인
정보보호 규제기구, 입법부, 시민단체에서 높은 관심과 우려를 나타
냈다.

IOS 4의 위치정보 수집에 대해 애플의 CEO 스티브 잡스는 위치정
보 수집과 관련한 사항은 이미 애플의 개인정보정책(Privacy Policy)에
이미 공지했으며, 개인이 원하지 않을 경우 거부할 수 있는 선택권을
제공했다고 밝혔다. 다만 1년 치의 위치정보가 단말기에 저장된 것은

소프트웨어의 버그 때문이며 이를 해결하기 위해 새로운 IOS 4 버전을 출시하여 문제의 소지를 없애겠다고 밝혔다.

1) EU의 대응

애플의 위치정보 평문 저장이 EU 회원국들 사이에 이슈가 되자 2011년 5월 16일 EU의 Article 29 Working Party는 모바일 위치정보를 개인정보 데이터라는 입장을 밝혔다. 또한 모바일 위치정보의 수집, 이용 및 저장 등 개인의 명시적 사전 동의를 필요로 한다고 규정하고, 사용자 위치정보는 개인 사생활을 노출할 수 있는 여지를 제공하며 구체적으로 MAC 주소와 Wi-Fi AP의 위치의 조합은 반드시 개인정보로 취급되어야 함을 밝혔다. 사전 동의를 받을 때는 위치정보가 어떤 목적으로 수집되고 사용되고 공정되는지에 대해 구체적으로 명시해야 함도 아울러 밝혔다. 사전 동의는 한 번으로 끝날 것이 아니라 적어도 일 년에 한 번 다시 확인을 받아야 하며, 사용자는 위치정보 데이터에 쉽게 접근하여 수정할 수 있는 권리를 지닌다고 명시했다. EU의 개인정보를 담당하는 Article 29가 애플의 이슈에 대해 견해를 밝힌 것은 이 이슈가 개인정보 측면에서 새로운 이슈이므로 애플의 문제가 EU의 개인정보법의 적용대상이 되는지를 명확히 할 필요가 있었기 때문이다. Article 29의 견해를 토대로 독일, 프랑스, 영국, 아일랜드와 이탈리아는 애플의 국내법 위반 여부에 대한 조사에 착수했다. European justice commissioner인 비비안 레딩(Viviane Reding)은 이번 사건을 통해 모바일 인터넷으로 불거진 프라이버시 문제들을 재고하고 데이터 보호법을 재검토하는 계기가 되었다고 밝혔다. 레딩은 아이폰 이용자들의 위치정보 무단수집에 대해 애플을 비판했고, 프라이버시 보호를 위해 더 엄격한 법안을 마련하겠다고 밝혔다. 또한 데이터 유출과 불법적 접근을 방지하기 위한 기술적 조직적 방안을 마련이 시급하고 2012년부터 유럽의회와 Council of Ministers가 이에 대한 개정안을 수렴할 것이라고 전했다.

2) 미국의 대응

2011년 4월 기사가 발표되자, 애플은 위치정보 프라이버시 침해에 관련된 보도들과 의회로부터 답변을 요구하는 편지들 및 법무장관으로부터의 질의와 이에 관해 서로 먼저 소송을 제기하려고 법원으로 몰아친 군중들에 시달려야 했다. 미국 상원은 5월 11일 위치정보 수집 논란에 대한 조사의 일환으로 상원은 물론 FTC, DOJ 등의 행정부, Center for Democracy and Technology, Association for Competitive Technology 등의 비영리단체와 애플 등이 참여하는 청문회를 진행했다. 이 청문회의 핵심쟁점은 이용자가 위치정보 수집에 대한 사전인지 여부와 사생활 침해는 아닌가 하는 것이었다(이은미, 2011). 이에 대해 애플은 수집된 위치정보가 애플사로 발송되지는 않는다고 해명했다. 청문회에서는 소비자 프라이버시의 보호와 범죄수사를 위한 개인정보수집의 필요성이 논의되었다. 이 자리에서 FTC는 합당한 법집행 조치와 운영 가능한 해결책을 모색하면서도 현재 성장하고 있는 산업의 혁신도 함께 고려하겠다는 입장을 밝혔다.

알 프란켄(Al Franken) 의원과 리차드 블루멘탈(Richard Blumenthal) 의원은 위치정보 수집 및 공유하기 전 소비자들에게 '명시적 동의'를 구하도록 규정하는 위치정보 프라이버시 보호법안(The Location Privacy Protection Act of 2011)을 발의했다. 이는 기존 연방법에서 소비자의 핸드폰과 스마트폰에서 사전 동의 없이 위치정보를 취득하여 다른 기업들에게 제공하는 것을 허용하고 있는 현 상황에서 개인 프라이버시에 대한 국가적 관심을 높이고 규제를 강화하는 계기가 되었다는 것이 전문가들의 반응이었다. 수집된 개인정보가 실시간 교통정보제보 등 소비자들에게 다양하고 유용한 정보를 제공을 가능하게 하는 개인정보수집의 긍정적인 방향도 검토될 필요성이 있다는 의견이다. 이 법안은 제이슨 차페츠(Jason Chaffetz) 의원의 위치정보 프라이버시와 조사법(Geolocation Privacy and Surveillance (GPS) Act)에서 수사기관과 정부가 범죄수사에 개인위치정보를 어떻게 수집하고 사용할지에 대한 가이드라인 제시 및 수색영장발급을 의무화하는 방향과 비슷한 논조를 띠고 있다는 의견도 있다.

3) 한국의 대응

애플의 위치정보 평문 저장문제에 대해 가장 적극적이며 강력하게 대응한 나라는 한국이다. 2011년 4월 21일 한국에 애플의 이슈가 보도되자 한국의 위치정보 관련 주무부처인 방송통신위원회에서 애플에 사용자 동의 없는 위치정보 저장에 대해 구두해명을 요구했다. 또한 4월 25일에는 8가지에 대한 질의서를 전달했다(방송통신위원회, 2011). 또한 위치정보법 연구반을 만들어 법률·기술·보안 등에 대한 법률검토를 벌임은 물론, 7월에 미국에 있는 애플 본사를 직접 방문해서 위치정보 저장 주기 및 기간, 위치정보가 저장되지 않도록 선택 및 삭제 가능 여부, 이용자 위치 이력 정보를 스마트폰에 저장한 이유, PC 백업 시 이 정보를 암호화하지 않고 저장한 이유, 스마트폰에 축적된 정보로 개인을 식별할 수 있는지 여부 등을 조사했다. 그 결과를 토대로 2011년 8월 3일 애플에 대해 일부 이용자의 동의철회에도 불구하고 위치정보를 수집한 행위에 대해 과태료 300만 원을 부과하고 애플이 위치정보를 이용자의 휴대단말기 내에 암호화하지 않고 저장한 행위에 대해 시정을 요구했다(방송통신위원회, 2011). 한국 방송통신위원회의 애플조사 경과는 <표 5>와 같다.

〈표 5〉 한국 방송통신위원회의 애플조사 경과

일자	내용
2011.4.20.	아이폰의 위치정보 수집 관련 언론 보도
2011.4.25., 4.27.	애플, 구글에 대한 위치정보 수집 논란 관련 공식 질의
2011.5.~6.	답변자료 등에 대한 법률검토 및 추가 자료제출 요구
2011.7.5.~7.13.	애플 본사 방문조사
2011.7.17~7.26.	행정처분 사전통지 송부 및 사업자 의견 청취
2011.8.3.	300만 원 과태료 부과 및 단말기 위치정보 암호화 시정명령

출처: 방송통신위원회 보도자료(2011.8.3) 일부 수정.

정부 외에도 국회에서는 김을동 의원실과 국회입법조사처 주최로 '스마트폰에서의 위치정보 활용과 프라이버시 보호'라는 주제의 세미나를 개최했다. 아이폰 이용자들 또한 애플에 대한 280억 원 규모의 집단소송을 제기한 상태이다.

1) 구글 스트리트뷰 차량의 Wi-Fi 페이로드 수집 이슈

구글 스트리트뷰 차량의 Wi-Fi 페이로드 수집 이슈에 대해서는 독일의 개인정보 감독기구가 제일 활발히 문제를 제기했고 유럽의 각국들도 구글에 대해 행정처분을 하거나 조사에 착수하는 등 적극적인 모습을 보였다. 구글의 이슈에 대해서는 법적으로 명백한 측면이 있어서 주로 개인정보 감독기구들만이 법집행 차원에서 접근했으며 이 외에 다른 기관들의 대응은 크게 나타나지 않았다. 미국은 FTC와 FCC가 이 문제에 대해 조사를 했지만 조사수준이 높지 않았을 뿐만 아니라 시민사회단체들은 구글에 면죄부를 제공했다는 평가를 받기도 했다. 한국의 경우는 초기에 주무부서인 방송통신위원회가 조사에 나섰지만 경찰이 수사에 착수하자 관행에 따라 조사를 경찰수사 이후로 연기했다. 경찰의 경우는 초기에 구글의 한국 지사를 압수수색하고 구글 스트리트뷰 차량 및 서버 등을 압수하여 구글이 수집한 데이터 중에 개인정보가 있음을 밝혀내는 등 강력히 대응했다. 그러나 구글 담당자를 한국 법정에 세우지는 못하고 있다. 현재까지 알려진 바에 의하면 입법부와 시민단체는 별도의 행동을 취하지 않은 것으로 보인다.

〈표 6〉 EU · 미국 · 한국의 대응 비교

구분	EU	미국	한국
규제기관	프랑스 100,000유로 벌금부과 네덜란드, 스페인 조사	FTC 및 FCC 조사결과 무혐의 FCC는 조사방해로 2만 5천 달러 벌금 부과	방송통신위원회 서면조사 경찰의 압수수색 및 담당자 소환 등 강경 대응

2) 애플 iOS 4 단말기의 위치정보 평문 저장 이슈

이번 애플의 위치정보 평문 저장 논란에 대해 EU, 미국, 한국의 대응에 대해서 정리해보면 <표 7>과 같다. 위치정보 관련법이 없는 EU는 위치정보가 EU가 규제하는 개인정보에 포함되는 것을 밝히고 기존에 있는 법에 따라 규제할 것임을 밝혔다. 또한 독일, 프랑스, 영국, 아일랜드와 이탈리아의 개인정보보호 감독기구 등은 애플의 자국법률을 위반했는지 여부를 조사했다. 시민단체의 경우는 규제 당국에 민원을 제기하는 행태를 보였다. EU의 이러한 태도는 애플의 위치정보 문제가 EU의 개인정보법의 테두리 안에서 규제할 수 있다는 것을 보여줌과 동시에 법률 위반 여부를 파악하여 자국의 이용자를 보호하려는 태도를 보였다. 반면 미국의 경우는 입법부에서 위치정보 프라이버시 보호법안(The Location Privacy Protection Act of 2011)을 발의했지만 직접 규제를 담당하는 FTC 등에서는 이용자 보호와 함께 애플 등 기업의 이익에 대해서도 같이 고려하는 태도를 보였다. TFC의 이러한 태도는 미국의 규제특징인 정부가 기업활동에 최소한의 개입을 하려는 것으로 보인다. 한국의 경우는 EU와 미국과 다른 행태를 보였다. 한국은 전 세계에서 유일하게 위치정보법을 보유하고 있었다. 따라서 위치정보법에 따라 애플의 본사를 방문하여 조사하고 문제발생 4개월 만에 속전속결로 행정처분을 하는 모습을 보였다. 이는 애플이나 시민단체 등에 대한 고려가 아닌 주어진 권한에 따른 행정 행위를 한 것으로 보인다. 한국의 행정부가 시민단체에 대한 고려를 하지 않았다는 것은 최근 애플에 대한 집단소송에서 한국 정부가 법원의 요구에도 불구하고 조사결과를 제출하지 않고 있기 때문이다.

〈표 7〉 EU · 미국 · 한국의 대응 비교

구분	EU	미국	한국
규제기관	독일, 프랑스, 영국, 아일랜드와 이탈리아는 애플 조사 착수	성장 중인 산업계의 혁신을 고려한 합당한 해결책을 모색	애플 본사 조사 후 행정처분
입법부	위치정보가 개인정보임을 밝힘	법률 발의	세미나 개최
시민단체	규제당국에 민원제기	소송제기	280억 규모 소송제기

```
┌─────────────────────────────────────┐
│                                  06  │
│                                 결론 │
└─────────────────────────────────────┘
```

　　　　　　　　　　　구글 스트리트뷰의 **Wi-Fi** 페이로
드 수집 및 애플의 위치정보 평문 저장에 대해 EU · 미국 · 한국은 각
기 다른 규제행태를 보였다. 구글의 경우 EU는 독일을 시작으로 프랑
스는 100,000유로의 벌금을 부과했고 스페인과 네덜란드는 조사 중이
고 기타 다른 국가들은 구글이 수집한 페이로드에 대해 삭제를 요구
하는 등 적극적으로 대응하는 모습을 보였다. 반면 미국의 규제기구
인 FTC와 FCC는 구글에 대해 조사를 하기는 했으나 문제를 밝히고
책임을 묻기보다는 재발방지에 중점을 두는 모습을 보였다. 한국의
경우는 주무부서인 방송통신위원회보다는 경찰이 적극적으로 대응
하는 모습을 보였다. 이는 구글의 **Wi-Fi** 페이로드 수집이 한국의 통신

비밀보호법을 위반한 것으로 보았기 때문이다. 애플의 경우는 EU는 애플의 기술이나 서비스에 대한 고려 없이 EU의 개인정보법에 따른 규제대상임을 밝히고, 개별국가가 독자적으로 애플을 조사하는 형식을 취했다. 반면 미국은 애플의 기술이나 서비스에 대한 고려와 함께 필요한 부분에 대한 적절한 규제방식을 찾음과 동시에 필요한 부분에 대해 개별 법률을 입법하는 형태를 보였다. 마지막으로 한국은 이미 위치정보법이 있기 때문에 애플을 아무런 고려 없이 해당 법률에 따라 규제하는 형태를 취했다.

구글과 애플의 이슈를 통해 살펴보면 EU는 구글과 애플이 EU의 법률을 위반했는지와 EU의 법률에 적용대상이 되는지에 대해 지속적으로 관찰하고 구글이나 애플이 EU의 개인정보 보호규정을 위반했다고 판단되는 경우 강력하게 규제하는 모습을 보였다. EU가 구글과 애플의 이슈에 대해 일관된 규제행태를 취할 수 있었던 것은 크게 두 가지 이유가 있는 것으로 보인다. 첫째, EU는 회원국들이 모두 개인정보보호 지침에 따른 개인정보 보호법을 가지고 있어서 일관된 규제가 가능했다는 것이다. 둘째, 문제가 된 기업들이 모두 미국 기업으로 해당 기업을 보호할 이유가 없었기 때문에 법률에 따른 일관된 집행이 가능했다. 반면 미국의 경우 구글이나 애플을 규제하기보다는 두 글로벌 기업을 보호하는 듯한 태도를 보였고, 일부 법률이 미비한 부분에 대해서는 개선하려는 모습을 나타냈다. 이것은 미국이 가지고 있는 상업의 자유를 위해 기업을 과도하게 규제하는 것을 원하지 않고, 미국이 구글과 애플을 과도하게 규제하는 경우 EU나 아시아 각국에서도 구글과 애플에 대한 규제 수위를 높여 결국 이들 기업의 기업활동을 위축시킬 수 있었기 때문이다. 이러한 미국의 태도는 2011년 상원 청문회에서도 구글과 애플에 대한 비난보다는 제도적인 문제점을 개선하려는 당시의 분위기를 통해서도 짐작할 수 있다. 마지막으로 한국의 경우는 당시만 하더라도 개별법에 따라 개인정보가 보호되고 있었고 정보통신 관련한 규제가 강력한 국가적 특성상 주무부처인 방송통신위원회와 경찰이 관련 법률에 따라 EU보다 강력히 규제하는 모습을 나타냈다. 그러나 EU와는 다르게 방송통신위원회가 구글에 대해서는 소극적인 규제행동을 취하고, 애플에 대해서는 강력한 규제태도를 취하는 등 일관된 모습을 보이지는 않은 것으로 보인다. 이렇게 한국의 규제태도가 일관되지 못한 것은 한국의 개인정보보호 관련 법률이 복잡하고 규제기구들도 방송통신위원회와 경찰 등으로 구분되어 있기 때문으로 보인다.

앞에서 EU, 미국, 한국의 개인정보보호 제도와 각국의 개인정보 규제행태를 비교 분석했다. 그리고 각 국가별로 나타나는 차이와 원인을 분석했다. 그러나 이번 연구는 최근의 사례 2건만을 분석한 것이고, 해당 이슈들과 관련한 법률조항 및 규제기구들이 일부 상이한 점이 있어서 동일한 기준으로 비교하는 것에 어려움이 있었다. 따라서 향후 연구에서는 보다 많은 사례들을 분석하여 위에서 밝힌 규제의 특성과 원인들을 일반화하려는 노력이 필요해 보인다.

참고문헌

방송통신위원회(2011), "애플의 이용자 위치정보 수집·이용 행태에 대한 조사 착수(보도자료)"

방송통신위원회(2011), "애플 및 구글의 위치정보보호 법규 위반행위에 대해 시 정요구 및 과태료 부과(보도자료)"

백윤철 외 2인(2008), "개인정보 보호법", 한국학술정보㈜

백윤철(2002), "헌법상 개인정보 자기결정권에 관한 연구", 법조 Vol. 548, pp.173 ~208

이은미(2011), "애플의 개인위치정보 수집논란 관련 동향", 제23권 12호 통권 511호, pp.1~9

한국인터넷진흥원(2011), "정보통신분야 해외 개인정보 관련 법제도 비교 연구"

한국정보보호진흥원(2009), "주요 국가의 개인정보보호 동향 조사"

Allan Alasdair(2011), O'reilly Radar, [2012.6.4],
  http://radar.oreilly.com/2011/04/apple-location-tracking.html.

EC(2005), DIRECTIVE 95/46/EC OF THE EUROPEAN PARLIAMENT AND OF THE COUNCIL of 24 October 1995 on the protection of individuals with regard to the processing of personal data and on the free movement of such data.

Formholz, Juila M., Berkley(2000), Technology Law Journal Annual Review of Law and Technology: VI. Foreign & International Law the European Union Data Privacy Directive, 15 Berkeley Tech. L. J. 461, 470.

Glenn Chapman(2010), "Google Street View throws light on web privacy", AFP(10 August, 2010), http://www.afp.com/en/node/197814. (Retrieved 10 Jun 2012).

McGee, Matt(2010), "Google Maps Privacy: The Street View & Wi-Fi Scorecard", Search Engine Land(2012), [2010.11.11],
  http://searchengineland.com/google-street-viewscorecard-55487.

Michel W. Heydrich(1996), NOTE: A Brave New World: Complying with the European Union Directive on Personal Privacy through the Power of Contract, 25 Brooklyn J. Individuals' Rights in Personal Information, 65 Fordham 1. Rev.951.

Williams, C.(2011), "Google urged to tighten privacy after Street View Wi-Fi scandal", Telegraph (19 November 2011) http://tinyurl.com/3qsbpks, (Retrieved

18 November 2011).

William J. Long and Marc Pang Quek(2002), Personal data privacy protection in an age of globalization: the US-EU safe harbor compromise, Journal of European Public Policy 9: 3, pp.325~344.

Yunchul Baek(2002), Human Right to Control the Circulation of Information relating to oneself in the Constitution, Judges and Lawyers, Vol. 51, No. 5, pp.173 ~208.

VIII

mVoIP 도입 관련 이슈

요약

정보통신정책연구원(KISDI)이 지난해 실시한 설문조사에 따르면, 스마트폰 이용자의 절반 이상인 52.5%가 모바일 인터넷전화(mVoIP)를 사용한 경험이 있다고 한다. 월 1회 이상 사용하는 이용자도 33.2%에 이르는 등 mVoIP의 확산에도 불구하고 아직까지 우리나라에서는 이를 이동통신사로 보아야 하는지, 아니면 콘텐츠 업체로 보아야 하는지에 관해 현행법 내에서 단정적으로 구분 짓기가 어렵다. 즉, ICT 생태계 본질을 파악하고 이동통신사와 mVoIP 양쪽 모두의 특성을 고려한 법적 분류체계가 성립되어 있지 않다. 그러나 mVoIP는 별다른 이용료 부과 없이 앱만 다운받으면 편하게 이용할 수 있다는 점에서 급속도로 확산되고 있다. 그뿐만 아니라 네트워크 보안, 도청위협, 비정상 패킷의 다량발송을 통한 회선마비 등의 서비스거부(DoS) 공격, VoIP 스팸 등 최근 mVoIP 관련 보안 이슈들이 부각됨에 따라 올바른 체계수립의 필요성이 더욱 대두되고 있으나, 이에 대한 연구가 부족한 실정이다. 따라서 본 연구에서는 보안정책을 세우기에 앞서 mVoIP의 특성을 고려한 제3의 분류체계를 정의하고, 이에 따라 최근 문제되고 있는 mVoIP의 보안문제들을 정리, 이의 해결을 위한 보안정책을 수립하고자 한다.

이 보고서는 mVoIP의 정의와 현황, 특성, 관련법률 및 정책을 분석하였다. 이를 통해 국내 가이드라인의 문제점을 살펴보고 mVoIP의 활성화 방안을 제시하고자 한다. 본 보고서의 발행은 mVoIP의 분류체계와 보안정책을 수립함으로써 모바일 인터넷 음성서비스의 확대에 기여할 것으로 예상한다. 따라서 mVoIP의 명확한 분류체계와 보안정책을 통해 국가는 가이드라인의 기초를 세울 수 있고, 기업은 구체적인 mVoIP 관련 전략을 세울 수 있으며, 이용자들은 다양한 mVoIP 서비스를 받을 수 있을 것이라고 본다.

아직까지 성과가 없는 mVoIP에서 본 연구는 관련 분야의 발전기반이 될 것으로 기대한다. 차후 연구에서는 mVoIP의 이동성을 바탕으로 다양한 정책을 수립하고 이를 토대로 구체적으로 분석 및 평가가 이루어지는 시스템이 마련되어야 할 것이다.

01
서론

                  2012년 3월 기준 카카오톡 가입자 수는 4천만 명을 돌파하였다. 이동통신 3사의 메시지를 모두 합한 것보다 많은 전송량을 자랑하는 카카오톡은 이미 해외사용자를 대상으로 '보이스톡'이라는 mVoIP(mobile Voice over Internet Protocol) 서비스를 실시하였고, 얼마 지나지 않아 국내에서도 mVoIP 서비스를 시작하였다.

  하반기 아이폰5의 출시를 앞두고 있는 애플은 현재 Wi-Fi 존에서만 이용 가능한 페이스타임(Facetime: 애플이 개발한 영상통화 소프트웨어와 관련된 통신규약)을 새로운 모바일 운영체제 ios6에서는 3세대(3G)와 롱텀에볼루션(LTE)에서도 이용 가능토록 하겠다는 입장을 밝히면서, 이들 mVoIP 서비스가 통신업계와 기타 산업계에 미칠 영향에 이목이 집중되고 있다.

정보통신정책연구원(KISDI)이 2011년 실시한 설문조사에 따르면, 스마트폰 이용자의 절반 이상인 52.5%가 모바일 인터넷전화(mVoIP)를 사용한 경험이 있고, 월 1회 이상 사용하는 이용자도 33.2%에 이르렀다. 이러한 mVoIP의 확산에도 불구하고 아직까지 우리나라에서는 이를 이동통신사로 보아야 하는지, 아니면 콘텐츠 업체로 보아야 하는지에 관해 현행법 내에서 단정적으로 구분 짓기가 어렵다. 즉, ICT 생태계 본질을 파악하고 이동통신사와 mVoIP 양쪽 모두의 특성을 고려한 법적 분류체계가 성립되어 있지 않다.

그러나 mVoIP는 별다른 이용료 부과 없이 앱만 다운받으면 편하게 이용할 수 있다는 점에서 급속도로 확산되고 있으며, 이에 따라 망 중립성에 관한 분쟁도 끊이지 않고 있다. 뿐만 아니라 네트워크 보안, 도청위협, 비정상 패킷의 다량발송을 통한 서비스거부(DoS) 공격, VoIP 스팸 등 최근 mVoIP 관련 보안 이슈들이 부각됨에 따라 올바른 mVoIP 체계수립의 필요성이 더욱 대두되고 있으나, 이에 대한 연구가 부족한 실정이다. 따라서 본 연구에서는 보안정책수립에 앞서 mVoIP의 특성을 고려해 상황을 정의하고, 이에 따라 최근 문제되고 있는 mVoIP의 보안 가이드라인을 제시함으로써 궁극적으로는 mVoIP 서비스 활성화에 기여할 것으로 기대한다.

mVoIP 서비스의 활성화를 위한 논의에 앞서 mVoIP의 정의를 확실히 할 필요가 있다.

VoIP(Voice over Internet Protocol)는 IP주소를 사용하는 네트워크를 통해 음성을 디지털 패킷(데이터 전송의 최소단위)으로 변환하고 전송하는 기술로, 인터넷전화라고 부르기도 한다. 이러한 인터넷전화는 발신자와 수신자가 회선을 독점 사용하여, 전화를 끊을 때까지는 해당 회선사용을 보장받아 일정 수준의 통화품질이 보장되는 기존의 유선전화와는 많은 차이점을 보인다. 즉, VoIP는 다대 다 통신으로서 그물망 형태의 기존 인터넷을 이용하고 사용자 간 회선을 독점 보장해주지 않으므로 트래픽이 많아지면 통화품질이 떨어질 수 있지만 기존에 인터넷망이 설치되어 있다면 회선 구축비용이 크게 들지 않고 통화요금도 유선전화에 비해 매우 저렴하다.

최근 들어 스마트폰 등을 통한 모바일 인터넷이 발전하면서 VoIP는 mVoIP(모바일 인터넷전화)로 진화했다. mVoIP는 와이파이(Wi-Fi, 무선 랜), 3G망과 같은 무선 모바일 인터넷을 이용해 휴대폰으로 인터넷전화를 할 수 있는 기술로, 대표적으로 스카이프(Skype) 등을 꼽을 수 있다. mVoIP의 전송속도는 VoIP보다 느리긴 하지만, 스마트폰이 대중화됨에 따라 mVoIP 가입자도 빠른 속도로 늘어나고 있다. 정보통신정책연구원(KISDI)의 지난해 실시한 연구에 의하면 스마트폰 이용자의 절반 이상인 52.5%가 모바일 인터넷전화(mVoIP)를 이용한 경험이 있다고 응답하였다. 스마트폰 사용자의 대부분이 잠재적 mVoIP 사용자라고 봐도 과언이 아닐 것이다.

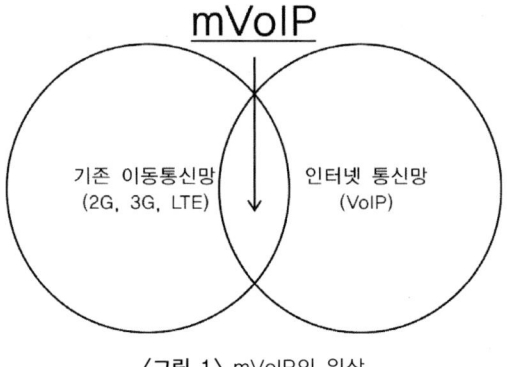

〈그림 1〉 mVoIP의 위상

03
mVoIP의 현황과 제도도입 지연

1) 개요

이와 같은 mVoIP 서비스사업자가 통신사인가, 콘텐츠 업체인가에 관해서는 관련법이 마련되지 않아 아직도 의견이 분분하다. mVoIP와 같은 새로운 정보통신서비스를 기존의 법규가 수용하지 못하는 현상은 사업자 간의 갈등과 혼란을 심화시키고 있는 상황이다. 스마트폰의 확산으로 인해 mVoIP 이용자가 급속하게 증가하는 추세에 있지만, 이를 규정하는 법적 근거가 마련되지 않아 혼란을 빚고 있기 때문이다. 현행법 내에서 mVoIP를 기간역무로 보아야 하는지, 아니면 부가역무로 보아야 하는지에 대해 이동통신사와 mVoIP 업체 간 주장이

팽팽히 맞서고 있다.

'망 중립성'이란 '모든 네트워크 사업자는 콘텐츠의 종류나 출처에 관계없이 모든 콘텐츠를 동등하게 취급하고 어떠한 차별도 하지 않아야 한다'는 개념으로, 누구나 동등하게 망에 접근할 수 있음을 의미한다. 망 중립성에 찬성하는 mVoIP 업체들은 콘텐츠에 대한 사용자들의 자유로운 접근을 촉진하고, 자유로운 콘텐츠 개발을 위해서는 망 중립성이 보장되어야 한다는 입장을 보인다. 한편 망 중립성에 반대하는 이동통신사의 경우에는, 아무런 대가 없이 망을 이용해 수익을 창출하는 mVoIP 업체들로 인해 이동통신사들의 수익구조가 크게 흔들릴 것이며 결과적으로 국가의 통신사업 발전까지 흔들리는 결과를 낳을 수 있다고 우려의 목소리를 높이고 있다.

2012년 6월 현재까지 망 중립성에 대해 이동통신사는 방송통신위원회와 함께, 그리고 mVoIP 업체는 공정거래위원회와 그 뜻을 같이하고 있었으나, 카카오톡의 보이스톡 서비스가 국내에서 시작되는 등 환경변화로 인해 기업과 위원회의 입장이 다소 변화하였다.

최근 공정거래위원회가 밝힌 바에 따르면, 공정거래위원회는 이르면 다음 달까지 통신사의 mVoIP 제한 및 차단에 대한 처벌 여부와 수위를 판단할 예정이다. 현재 통신사들은 각각 요금제별 mVoIP 제한 정책을 실시하고 있기 때문에, 이것이 공정거래법 제3조 2항의 시장지배적 지위남용 금지에 위반되는지 여부를 판단하는 것이다. 공정거래위원회는 이와 같은 통신사들의 행위가 소비자 선택권을 부정하는 것이라는 의견하에 행위에 합리적 이유가 있는지 여부를 조사 중이다.

〈표 1〉 망 중립성 관련 국외현황

미국
- FCC는 Open Internet Rules 채택('10, 12),규제 부재
- 투명성과 차단 금지
- 불합리한 차별 금지
- 가장 적극적인 논의를 펼치고 있음
유럽
- EC는 망 중립성 정책 방향에 대한 공개 의견 수렴 실시
- 결과 발표('10, 11): 인터넷 개방성 유지 찬성, 추가적 입법 요구 낮음
- 의견 모니터링 후 추가적인 규제 도입 여부를 결정
- 네덜란드의 경우 이미 법제화 추진(뉴스토마토. 2012.6.4)

출처: 방송통신위원회, 방송통신기본계획(2011) 참조.

현재 어느 나라도 mVoIP를 전면적으로 허용하고 있지는 않다. 그렇기 때문에 원래 방송통신위원회는 통신사 측의 입장에서, 기술적으로 서비스를 제한하는 것은 명분이 부족하며 mVoIP 허용으로 인해 통신사들의 매출이 급감힐 깃을 대비할 시간적 어유가 필요하다는 입장을 고수해왔다. 하지만 현 ICT 생태계를 고려하지 않은 정보통신망법에 대한 개선을 요구하는 목소리가 높아지고, 성과 없는 방송통신위원회를 대신하여 나선 공정거래위원회가 통신사를 제한하는 쪽으로 기울자 방송통신위원회의 입장도 바뀌었다. 최근 공식입장에 따르면 방송통신위원회는 현재 사용자들의 요금제에 따라 데이터 제공량과 mVoIP 접근권한이 다른 만큼, mVoIP 서비스에 큰 문제는 없기에 이를 '제한'하기보다 '보완'하는 쪽으로 가는 것이 옳다고 밝힌 바 있다.

한편 망 중립성 문제로 날카롭게 대립해온 통신 3사와 NHN, 다음 등 주요 콘텐츠 제공업자(CP)가 '스마트 네트워크' 사업에서 손을 잡고 상생을 위한 노력을 하는 모습도 보인다. '스마트 네트워크 사업

협의회'가 6월 공식 출범하며, 통신사와 CP가 각자 원하는 스마트 네트워크 플랫폼을 만들고 궁극적으로는 표준화까지 추진할 계획이다. 이번 협의회는 새로운 네트워크를 위한 업계 간 협력과 자발적인 참여라는 점에서 의의를 가지며, 앞으로도 이러한 형태의 협의회가 늘어날 것으로 예상된다.

2) 사업자와 정부기관 간 대립

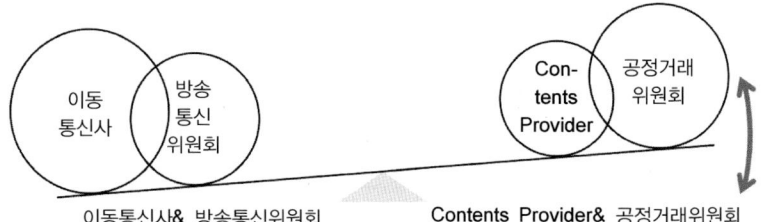

〈그림 2〉 망 중립성을 둘러싼 대립관계

우리나라에서의 망 중립성을 둘러싼 대립관계는 크게 이동통신사와 방송통신위원회 그리고 CP와 공정거래위원회로 구분할 수 있다. 기존의 전화망에 대한 권한을 가지고 있는 방송통신위원회와 전기사업자로 등록하여 통신망 시설에 투자한 이동통신사는 지금까지 망에 대한 권리를 CP에게 양보해야 할 것인지에 대해 부정적인 측면을 보이고 있다.

이에 반해 새로운 시장 진입자에 해당하는 CP(Contents Provider)와

망 중립성을 공익에 초점을 맞춰 진행하는 공정거래위원회는 통제보다 시장논리와 기술혁신을 통해 전체 시장이 커질 수 있다는 점에 초점을 맞추고 있다.

3) 관련 가이드라인

방송통신위원회(2011)에 따르면, mVoIP의 정책대안은 전면개방과 시장자율, 그리고 점진적 개방으로 나눌 수 있다. 현재까지는 차단과 규제정책을 시행하고 있으며, mVoIP의 시장분류를 명확하게 하지 않는 한 이러한 논란은 계속될 것이다.

현행법상 통신사와 CP 간 대립을 중개하고 ICT라는 총체적인 입장에서 mVoIP를 고려하는 법적 근거는 찾아볼 수 없다. 현 전기통신사업법의 '전기통신회선설치 여부'에 따라 기간통신사업자인지, 아니면 역무사업자인지 구분할 수는 있으나, 이에 따라 mVoIP를 불법 서비스라고 보는 것은 통신사의 입장만을 대변하는 것이다.

이용자 선택권의 측면에서 CP는 망 이용대가의 지불 여부로 인해 서비스의 이용이 제한당하는 점은 부당하다고 주장한다. mVoIP는 다른 유형의 스마트폰 애플리케이션과 마찬가지로 콘텐츠의 측면에서 이용자가 이동통신사에 정당한 데이터 비용을 지불하고 쓰는 것이기 때문이다. 이와는 반대로 이동통신사는 약관에 명시된 요금제별 mVoIP 차등허용을 반영해 법적 근거를 가지고 이용자를 차별하고 있다. 그러나 CP는 바로 이러한 점을 불공정하고 이용자를 차별하는 행위라고 주장하고 있다. 그뿐만 아니라 이동통신사가 mVoIP를 차단하려는 동기가 기본적으로 기존 음성서비스와 경쟁관계에 있는 서비스기 때문에 경쟁관계에 있는 서비스를 시장 지배력을 이용해 '봉쇄'한다는 측면에서 의도의 순수성에 대해 의문을 제기한다. 즉, 시장경제의 기본인 경쟁을 제한하는 불공정행위라는 주장이다.

4) 현 가이드라인의 문제점과 대안

방송통신위원회의 2011년 방송통신 기본계획을 살펴보면 mVoIP에 대한 망 중립성에 대한 언급만 있을 뿐 아직 구체적인 계획이나 방안을 내놓고 있지 못하다. 이는 mVoIP와 유사한 IPTV가 관련 산업 활성화와 전담반을 구성하는 등의 적극적인 노력을 보이고 있는 점과는 대조적이다. 방송통신위원회에서 추구하고 있는 '스마트 시대의 도래'는 모바일 생태계의 변화를 감지하고 이에 적합한 가이드라인을 제시하는 데서 비롯될 수 있다. 그러나 위원회의 입장이 가변적이어서 법적 체계에 근거하여 산업에 적용할 수 있는 구체적인 가이드라인이 요구된다.

관련 가이드라인은 다음과 같은 3가지 원칙에 입각하여 제시되어야 한다.

첫째, 인터넷의 사회전반에 대한 영향에 대응하는 측면에서 이루어져야 한다. mVoIP 서비스는 음성통화의 측면에서 기존의 생활과 밀접한 관련을 가지고 있다. 따라서 mVoIP의 정책은 사회전반의 영향을 고려해서 수립되어야 한다.

둘째, 인터넷 이용환경의 개선측면에서 다루어야 한다. 소비자는 이용요금, 통화품질과 같은 기존의 서비스가 가지고 있는 문제점에 대한 대안으로 제시되어야 하며, 제공자는 서비스 제공의 측면에서 다각화를 할 수 있는 측면에서 mVoIP 서비스가 대안으로 모색되어야 한다.

셋째, 인터넷 이용원칙의 정립의 측면에서 제시되어야 한다. 사회적 공공재로의 역할을 수행하는 인터넷의 특성에 맞추어 mVoIP 서비스는 모두에게 평등한 정보제공을 목적으로 집행되어야 한다.

04
mVoIP의 보안

1) 모바일 영역의 보안 이슈

모바일 영역에서의 mVoIP의 보안을 그림으로 나타내면 아래와 같다.

사용자/단말
- 악성코드 감염
- 단말 동작 마비
- 단말 분실 및 정보 유출

애플리케이션
- 개인정보 유출
- 스니핑(Sniffing)
- 모바일 해킹 킷 서비스 중단
- 서비스 불법 사용 증가
- 가짜 앱을 이용한 피싱 (Phishing)

무선네트워크
- 무선기기 보안 취약
- 모바일 DDos
- AP보안설정
- 비인가 기기 접속

출처: 방송통신위원회, 스마트 모바일 시큐리티 종합계획(2010) 참조.

〈그림 3〉 모바일 영역별 보안위협

위의 그림에 나와 있는 바와 같이 모바일 환경에서의 보안위협은 사용자와 애플리케이션 그리고 무선 네트워크의 특징에 따라 나눌 수 있다. 그리고 사용자/단말기의 특성에 따른 보안은 사회적 공격이나 악성코드 그리고 단말기 분실이나 오류, 정보유출에 따른 위험으로 구분할 수 있다.

무선망은 도청이 힘든 유선망에 비해 보안성이 취약하다. 무선망은 비인가 Wi-Fi 존을 통한 불법도청이 가능하기 때문이다. 인터넷 회선을 공유해 녹음기 등을 통해 발송하는 VoIP 스팸을 그 예로 들 수 있다.

애플리케이션 보안유형은 비인가 애플리케이션을 통한 해킹 가능성과 스니핑(Sniffing), 각종 스마트폰 해킹과 가짜 앱을 이용한 피싱 (Phishing)까지 다양한 유형으로 구분할 수 있다. 현재 스마트폰 해킹의 수준은 한국인터넷진흥원에 의하면 해커가 해킹 스마트폰의 카메라로 영상을 보거나 해킹 스마트폰에서 입력하는 내용을 똑같이 복원할 수 있는 수준에 이르렀다고 한다.

2) mVoIP 영역의 개인정보보호 관련 보안 이슈

mVoIP의 보안기술을 애플리케이션, 네트워크, 단말기로 나누어 구분할 수 있다. 각 단에서의 개인정보 침해의 유형을 살펴보고 관련 보안 이슈를 검토해보자.

첫째, 애플리케이션의 보안 이슈는 Malware나 비인가 프로그램을 통한 개인정보 유출을 예로 들 수 있다. 또한 해커의 스니핑(Sniffing) 을 통한 제3자로의 공격과 관련 개인정보의 침탈을 야기할 수 있다.

둘째, 단말기를 통한 보안 이슈는 크게 소프트웨어와 하드웨어로 나눌 수 있는데, 이는 단말기 내에 저장되어 있는 개인정보와 저장되어 있는 OS 및 여러 응용프로그램을 통한 위협요소를 내포하고 있다.

셋째, 네트워크상에서의 보안 이슈는 MAC주소를 개인정보로 취급한다는 전제하에 비인가 AP를 통해 MAC주소가 수집당하거나 노출되는 사례를 예로 들 수 있다.

3) mVoIP 대응방안

앞에서 살펴본 모바일 영역별 보안위협에 따라 본 연구에서 제시하는 보안 가이드라인은 다음과 같다.

사용자/단말	애플리케이션	무선네트워크
- 악성코드 진단 백신 프로그램 배포 - 단말 동작 마비와 분실 정보 유출에 대한 국가 차원의 대응책 논의	- 마켓별 불법애플리케이션 대응 시스템 구축 - 스니핑(Sniffing), 앱 피싱(Phishing)에 대한 대국민 홍보 강화 - 불법 애플리케이션 유포자에 대한 처벌 강화	- WiFi 인증제 신설 - AP의 보안 설정 의무화 - 모바일 DDoS 예측 시스템 구축(기존 CERT팀에 추가) - 네트워크 관리시스템 구축 운영

〈그림 4〉 mVoIP 보안정책

mVoIP 보안은 기존의 VoIP와 모바일의 성격 모두가 고려된 정책을 바탕으로 하여야 하며 보안위협 유형별로 대응책을 마련해야 한다.

먼저 사용자/단말에 의한 보안대응으로는 악성코드 진단 백신 프로그램을 배포하거나 단말 동작마비와 정보유출에 대한 국가차원의 대응책이 논의되어야 한다.

또한 애플리케이션 보안위협 유형에 대한 대응으로 마켓별 불법 애플리케이션 대응 시스템을 구축하여 실시간으로 불법 애플리케이션을 감시해야 한다. 그뿐만 아니라 최근 인기리에 상영되고 있는 드라마 '유령'과 같이 각종 해킹에 관한 정보를 드라마 소재로 활용, 홍보하는 등의 다각도의 노력이 필요하다. 마지막으로 불법 애플리케이션 유포자에 대한 처벌을 강화하여 차후유발을 예방하여야 한다.

무선 네트워크 유형에 대한 보안대응으로는 Wi-Fi 인증제를 실시하여 Green Wi-Fi zone을 구성하고, AP의 보안설정을 의무화하여 무분별한 Wi-Fi 확대를 막는 것을 들 수 있다. 모바일 DDoS 관련해서는 현재의 DDoS 대응체계를 보완 정비하여 좀비 스마트폰에 대한 탐지 및 대응이 이루어져야 하며, 대응 시스템의 운영을 위한 네트워크 관리 시스템이 효율적으로 시행되어야 한다.

본 연구를 통하여 다음과 같은 결론을 도출할 수 있다.

첫째, mVoIP는 명확한 분류체계를 수립하여 정책의 기준으로 삼아야 한다. 기존의 통신 망과 유사하면서 다른 체계를 가지고 있는 mVoIP는 인터넷과 전화 그리고 휴대전화라는 세 가지 성격을 모두 가지고 있기 때문이다.

둘째, mVoIP는 망 중립성뿐만 아니라 복합적인 서비스 환경과 전 세계 동향까지 고려되어야 한다. mVoIP를 비롯하여 IPTV, 스마트TV, 클라우드서비스 등 mVoIP와 비슷한 성격을 가진 서비스가 기존의 통신시장과 인터넷시장에 영향을 주고 있기 때문이다. 이러한 복잡성을 이해하고 관련 법규나 가이드라인을 제때 대응할 때 관련 산업이 발전할 수 있다.

마지막으로 mVoIP는 예전 정보통신부의 역할을 수행하는 방송통신위원회를 중심으로 ISP와 ICP, 그리고 국민의 사회적 합의를 통해 공감대가 형성되어야 한다.

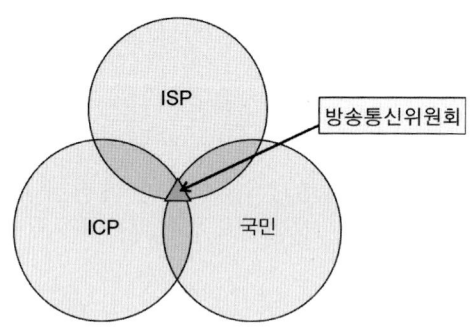

〈그림 5〉 방송통신위원회의 역할과 과제

국가기관인 방송통신위원회를 중심으로 각 사회구성원의 합의를 통해 바람직한 모델을 제시하는 것이 앞으로 mVoIP 시장과 방송통신 시장을 활성화할 밑거름이 될 것이기 때문이다.

지금까지 기존의 통신시장과 mVoIP, 그리고 VoIP의 성격은 유사하면서 다른 성격을 지니고 있음을 살펴보았다. mVoIP 관련 연구가 거의 이루어지지 않은 현 시점에서 mVoIP의 보안위협을 살펴본 본 연구는 많은 시사점을 지닌다고 할 수 있다. 그동안 통신사들이 예의 주시하는 카카오톡의 mVoIP 시장진출로 논란은 가속화되고 있는 실정이며, 기존의 이동통신사와 CP 간의 갈등은 mVoIP을 통해 시장진입을 목표로 하는 다른 기업에도 영향을 미칠 수 있기 때문이다.

본 연구는 mVoIP 사업과 관련하여 법규나 가이드라인을 제시함으로써 다음과 같은 시사점을 지니고 있다. 첫째, 기업에 시장기회를 부여하고 국가는 이를 통제할 수 있는 기준을 마련한다는 점에서 의의를 가진다. 둘째, 이용자의 보안문제를 해결함으로써 관련 서비스를 활발하게 이용할 수 있으며 시장의 활발한 이용을 위한 밑거름이 될 수 있을 것이다. 마지막으로 mVoIP 관련 연구에 대한 기초자료를 제공해줌으로써 서비스와 보안 측면에서 후속연구를 촉진할 수 있는 밑거름이 되리라 판단한다.

참고문헌

나성현 외 3인(2011), "통신시장 경쟁 활성화를 위한 mVoIP 규제제도 정립방안 연구", 정보통신정책연구원.
나성현(2011), "망 중립성 및 인터넷 트래픽 관리에 관한 가이드라인", 정보통신정책연구원.
박철순(2010), "스마트 모바일 시큐리티 종합계획", 방송통신위원회.
방송통신위원회(2011), "방송통신위원회, 망 중립성 정책방향 마련(보도자료)", 2011.12.26.
방송통신위원회(2011), "mVoIP 전담반 구성자료(보도자료)", 2011.4.16.
변정욱 외 8인(2011), "2010년도 통신시장 경쟁상황 평가", 정보통신정책연구원.
윤상희(2011), "모바일 인터넷전화 서비스를 위한 보안위협 대응방안 연구", 건국대학교 석사학위 논문.
정보통신정책연구원(2011), "모바일 생태계의 경쟁력 강화를 위한 정책 제언", 정보통신정책연구원.
방송통신위원회(2011), "방송통신 기본계획", 정책총괄과.
한국인터넷진흥원, "주간인터넷 동향", 2011.6.
전자신문, "mVoIP 법의 비극", <2012.5.8>.
조선일보, "2주년 맞은 카카오톡, 가입자 수 4,200만 명 돌파", <2012.3.12>.

김범수

The University of Texas at Austin, Ph. D.
The University of Illinois at Chicago, 조교수 역임
CIPP(Certificated Information Privacy Professional)
ISACA Korea 부회장
한국IT서비스학회 이사
한국경영정보학회 이사
한국정보보호학회 이사
지식서비스보안과정 주임교수
현) 연세대학교 정보대학원 부원장, 교수

공저자
김협, 김민수, 김성준, 김수현, 김현진, 박찬욱, 배요섭, 위지영, 이승목, 이승훈, 이청아,
이한별, 장재영, 전엘, 주광일

스마트 시대
정보보호 전략과
법 제도 Ⅲ
Privacy Policy and Management

초판인쇄| 2013년 5월 1일
초판발행| 2013년 5월 1일

지 은 이| 김범수 외 15명
펴 낸 이| 채종준
펴 낸 곳| 한국학술정보㈜
주   소| 경기도 파주시 문발동 파주출판문화정보산업단지 513-5
전   화| 031) 908-3181(대표)
팩   스| 031) 908-3189
홈페이지| http://ebook.kstudy.com
E-mail| 출판사업부 publish@kstudy.com
등   록| 제일산-115호(2000. 6. 19)

ISBN   978-89-268-4248-5 93560 (Paper Book)
        978-89-268-4249-2 95560 (e-Book)